普通高等教育“十三五”精品规划教材

三维场景建模

林雪芬 编著

中国水利水电出版社
www.waterpub.com.cn
·北京·

内 容 提 要

本书遵循建模的基本步骤，每个章节层层递进。在保证三维建模知识系统性和连续性的基础上，着重阐述原理性知识，强调游戏建模应掌握的相关知识，力求能及时反映本学科的新进展和新成就。

全书共7章，主要内容包括：三维建模简介、基础建模、高级建模、材质贴图、摄像机与灯光、环境与渲染、综合案例。书中附有一定数量的课堂练习及思考题，以供学生课后练习，巩固所学知识。

本书可作为普通高等院校和职业院校的数字媒体及相关专业三维建模的教材，也可供相关领域的工程技术人员参考。

图书在版编目（CIP）数据

三维场景建模 / 林雪芬编著. -- 北京 : 中国水利水电出版社, 2018.12（2024.1重印）
普通高等教育“十三五”精品规划教材
ISBN 978-7-5170-7197-6

Ⅰ. ①三… Ⅱ. ①林… Ⅲ. ①计算机辅助设计－应用软件－高等学校－教材 Ⅳ. ①TP391.72

中国版本图书馆CIP数据核字(2018)第284458号

策划编辑：雷顺加　责任编辑：宋俊娥

书　　名	普通高等教育“十三五”精品规划教材 三维场景建模　SANWEI CHANGJING JIANMO
作　　者	林雪芬　编著
出版发行	中国水利水电出版社 （北京市海淀区玉渊潭南路1号D座 100038） 网址：www.waterpub.com.cn E-mail：zhiboshangshu@163.com 电话：（010）62572966-2205/2266/2201（营销中心）
经　　售	北京科水图书销售有限公司 电话：（010）68545874、63202643 全国各地新华书店和相关出版物销售网点
排　　版	北京智博尚书文化传媒有限公司
印　　刷	三河市龙大印装有限公司
规　　格	185mm×260mm　16开本　12.5印张　204千字
版　　次	2019年1月第1版　2024年1月第2次印刷
定　　价	39.00元

前　言

Preface

三维建模技术是数字媒体技术、数字媒体艺术、艺术设计、工业设计等专业的重要专业基础课。多年的教学经验告诉我们，首先，不同学校、不同专业学生对相关知识的深度与把握的侧重点有着明显区别；其次，对于本科教学，除了技术的介绍及应用外，原理性的知识应该是学生掌握的重点，学生以其为基础，可以点带面进行全方位的考虑。

基于此，本书根据建模的基础路线，以三维场景建模为主线，加强知识点之间的联系，强调原理性知识的介绍，将重点放在游戏场景的建模上。其指导思想是使学生通过系统学习三维建模的基本理论、基本知识和基本技能，扩展知识面，提高综合素质，了解三维建模的基本方法，掌握场景建模的基本技巧。本书在保证三维建模知识的系统性和连续性的基础上，力求能及时反映本学科的新进展和新成就，并着重阐述原理性知识，强调游戏建模应掌握的相关知识内容，例如多边形建模、面片建模，以及与之息息相关的贴图，例如 UVW 展开等。

本书遵循建模的基本步骤组织内容，全书共 7 章，内容包括：第 1 章介绍三维建模的基础知识与基本建模方法；第 2 章讲解二维图形建模、基本几何体建模、复合建模等基础建模方法；第 3 章介绍多边形建模、曲面建模等高级建模方法；第 4 章讲述材质、贴图基础；第 5 章介绍灯光与摄像机的布置与参数设置；第 6 章讲解环境设置与渲染输出设置；第 7 章综合地创建两个典型的三维场景。书中附有一定数量的课堂练习及思考题，以供学生课后练习，巩固所学知识。

为便于读者学习，我们将部分知识点录制成视频课，并以二维码链接形式印在书中，读者扫描书中二维码即可观看视频。

为便于读者下载，我们还将部分案例的 3ds max 源文件打包放到网上，读者扫描前言后的“课程案例源文件表”中的二维码，即可轻松获取所需文件。

图书资源总码

本书可供普通高等院校和职业院校的相关专业作为三维建模的教材使用，也可供相关领域的工程技术人员参考。

本书得到了浙江科技学院校级重点教材建设项目的支持。在本书的写作过程中，编者参考了国内外一些资料及数字媒体专业 2012 届以来的优秀学生作品，在此表示感谢。2015 级的高佳蓉还为此书校稿，并提出了非常好的建议。另外，编者还要特别感谢中国水利水电出版社的宋俊娥编辑为本书提出的许多宝贵意见。他们为本书的出版付出了辛勤的汗水。

由于编者水平有限，难免会有一些不妥之处，恳请同行专家和广大读者给予指正。

编　者

2018年8月

课程案例源文件表（3ds max 文件）

序号	资源名称	对应书中案例	资付方式	
			免费	付费
1	1.1 课堂练习	P26 1.4 课堂练习	√	
2	2.1 夹子	P36 实例——制作夹子	√	
3	2.2 杯子	P40 2. 实际操练：制作杯子	√	
4	2.3 简易书架	P44 2.2.3 基本几何体建模——简易书架	√	
5	2.4 烟灰缸	P47 2.3.1 布尔运算	√	
6	2.5 牙膏	P50 2.3.2 放样	√	
7	2.6 课堂练习	P55 2.4 课堂练习	√	
8	3.1 椅子	P66 3.1.3 多边形建模案例	√	
9	3.2 帽子	P77 3.2.2 曲面建模案例	√	
10	3.3 扩展案例	P79 3.3 扩展案例	√	
11	4.1 混合材质	P99 3. 混合材质	√	
12	4.2 多维子材质	P99 4. 多维 / 子材质	√	
13	4.3 合成材质	P99 5. 合成材质	√	
14	4.4 光线跟踪材质	P100 6. 光线跟踪材质	√	
15	4.5 不透明度贴图	P104（7）Opacity(不透明度)	√	
16	4.6 凹凸贴图	P105 图 4-24 旁边	√	
17	4.7 实践演练	P108 实践演练	√	
18	4.8 材质贴图案例	P112 4.3 材质贴图案例	√	
19	4.9 课堂练习	P117 4.4 课堂练习	√	
20	5.1 摄像机静帧与动画	P122 实践演练	√	
21	5.2 三点布光法	P134 实践演练	√	
22	5.3 综合案例	P136 5.3 综合案例	√	
23	5.4 课堂练习	P140 5.4 课堂练习	√	
24	6.1 环境	P143 实践演练	√	
25	6.2 大气效果	P146 实践演练	√	
26	6.3 体积光	P147 实践演练	√	
27	习题与参考答案	P151 思考题	√	
28	7.1 室外场景建模	P154 7.1 室外场景建模	√	
29	7.2 室外街景建模	P166 7.2 室外街景建模	√	

访问地址

扫码后即可获取下载链接。

目　录

Contents

第 1 章
三维建模简介

本章学习目标

■ 掌握三维建模的基本概念
■ 了解三维场景建模的基本流程
■ 了解几种基本的建模方法
■ 掌握建模软件的基本操作方法

1.1 了解三维建模技术

在生活中，三维建模随处可见，搭积木、雕刻、陶艺等无不体现着三维建模的过程。建模，是制作模型的过程；计算机中的三维建模，就是构造数字模型的过程。在计算机上用三维造型技术建立的三维数字形体，称为三维模型。

1.1.1 三维模型的应用场合

随着三维虚拟市场的不断升级以及三维软件功能的完善，三维模型的应用场合也更加多元化。目前，三维模型主要应用在网络游戏制作，室内外建筑设计，影视栏目包装及动画，军事、医疗、环境模拟，产品展示等方面。

1. 网络游戏制作

网络游戏产业是一种新兴的文化娱乐产业，网络游戏分为二维游戏和三维游戏，但总体趋向三维化，例如魔兽世界、奇迹世界等。不管是在单机游戏中还是在网络游戏中，游戏模型是必不可少的。网络游戏主要靠网络运行，而网络和计算机的运行能力有限，想让网络游戏运行流畅，就必须控制游戏模型的数据量，这些数据量的多少和游戏模型的面数息息相关。因此，游戏模型应尽可能控制面数和贴图的大小。图 1–1 是一个大型的游戏模型。

图 1–1 游戏模型

2．室内外建筑设计

随着国内外建筑行业的信息化发展，三维模型在室内外建筑领域的应用也在不断扩展。三维室内外空间设计为用户提供了前所未有的良好体验，例如展示大型复合商业设施、传达历史文化的沉淀、呈现室内家居的设计。通过对三维空间的把握、色彩贴图的应用，用户可以对建筑蓝图一览无余。图 1–2 是一幅三维室内设计效果图。

图 1–2　三维室内设计效果图

3．影视栏目包装及动画

影视栏目包装在影视节目中已经成为不可或缺的一部分，它影响到影视节目的整体形象，优秀的栏目包装会给观众留下深刻的印象。影视栏目包装中的三维元素包罗万象，常见的无外乎点、线、面，它们通过自身的形体质感和丰富的动画为用户带来完美的视觉享受。

近年来，3D 动画带来的视觉体验超乎人们的想象，《侏罗纪公园》中的恐龙缓缓走来，《阿凡达》中潘多拉星球上两个种族之间的战争，《超能陆战队》里登场的萌神大白……，各种精致的 3D 画面给人们留下了美好的印象，而这些三维动画的基础就是三维模型。图 1–3 是一幅三维动画作品截图。

图 1-3　三维动画作品截图

4. 军事、医疗、环境模拟

三维模型、三维仿真动画因具有特有的真实、准确、直观等特点。在军事领域，军事测绘导航、虚拟战场构建、无人作战等场合，三维模型的应用非常广泛。如军事仿真，以较为低廉的成本、逼真的效果提供虚拟的军事演练场所。在医疗领域也得到广泛应用。三维环境模型能真实地模拟出各种环境，为各个领域提供逼真的现场感。图 1-4 为实验室的现场环境模拟。

图 1-4　实验室现场环境模拟

5. 产品展示

三维模型能全面呈现 360° 的造型与结构，并能通过动画等方式对产品进行组装和分解展示，从而突出产品的特点，拉近产品与用户的距离，受到用户的广泛欢迎。有些产品展示以文档的方式存在；有些产品则以虚拟现实、电子商务的方式为用户提供全方位的体验。图 1–5 是耳机展示效果。

图 1–5　耳机展示效果

除此之外，三维模型在教育、科学研究、互联网行业也得到广泛的应用，这种将欣赏性、艺术性、技术性结合起来的交互形式，为相关领域提供了一种新的、有效的表达方式。

1.1.2　三维制作的流程

不管是高精度模型还是低精度模型，三维模型制作的流程（见图 1–6）大同小异，三维场景建模亦然，主要包括建模、材质贴图、灯光、摄像机、渲染几个方面。

图 1–6　建模流程图

1. 建模

建模（Modeling）是指将二维空间中绘制的草图作为基本对象，在三维空间中形成模型的过程。三维建模是整个制作过程的核心和基础，好的效果源于好的模型。建模是一项非常繁重的工作，建模师需要把场景中所有的物体和角色进行建模；但建模也是一项“简单”的工作，“简单”是指只要努力练习，可以很快上手和熟练。因此，选用合适的建模工具，经过努力练习，都可以制作出令人满意的模型。图 1-7 是建模阶段的模型。

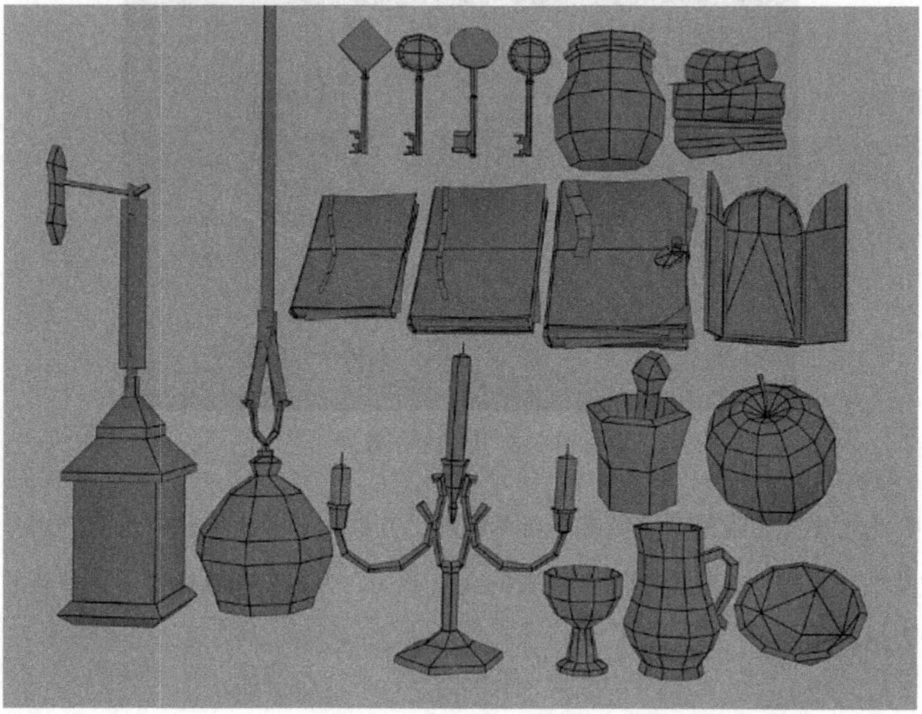

图 1-7　建模阶段的模型

2. 材质贴图

材质贴图就是赋予模型生动的表现特性，具体表现在物体的颜色、透明度、高光、反射、自发光、粗糙程度等特性上。贴图是指把二维图片通过软件的计算正确地贴到三维模型上，从而表现出细节和结构。贴图具有很强的 2D 美术特性，通过材质贴图，模型会更生动、更能体现原画的意图。图 1-8 是在图 1-7 所示模型基础上赋予材质贴图后的效果。

图 1-8　材质贴图后的效果

3．灯光

灯光的目的是最大限度地模拟自然界的光线类型和人工光线类型。灯光起着照亮整个场景、投射阴影、增添氛围、突出场景特点等作用。在场景建模中，灯光的作用不容小觑。给图 1-8 布设好灯光，其立体感、质感等都比原来的模型有了很大的提升。

4．摄像机

在场景建模中，摄像机起到的作用是以固定的镜头体现场景；而在三维动画中，摄像机可以实现分镜对剧本设计的镜头效果。摄像机只在情节需要时才使用，不是任何时候都必须用到。但在一些浏览动画中，摄像机是产生视角变换的必备工具。

5．渲染

渲染是指根据场景的设置、物体的材质贴图、灯光等，由程序绘出一幅完整的画面或一段生动的动画。三维场景的最终目的是得到静态效果或动画效果，这些必须通过渲染才能得到。渲染是通过渲染器完成的，不同的渲染器得到的效果会有所差别。

1.1.3 三维软件介绍

目前主流的三维软件很多，不同的行业会使用不同的软件，各种软件各有所长，比较流行的软件有 3ds Max、Maya、Rhino、Sketchup 等。下面重点介绍 3ds Max 和 Maya。

1．3ds Max

3D Studio Max 常简称为 3ds Max 或者 3d Max，是由 Discreet 公司（后被 Autodesk 公司收购）开发的一款基于 PC 的三维动画制作和渲染软件。3ds Max 在全球范围用户极多，首先是因为它具备灵活的操作方式，用户比较容易上手；其次是因为它具有良好的扩展性，用户可以方便地加载应用程序模块，从而扩展使用功能。

3ds Max 广泛地用于广告、影视娱乐行业中，比如电视片头和视频游戏的制作。在国内发展较为成熟的建筑效果图和建筑浏览动画制作中，3ds Max 的使用占据了绝对的优势。其他领域如工业设计、三维动画、多媒体制作、游戏以及工程可视化等，3ds Max 得到广泛的应用。图 1-9 是由 3ds Max 制作完成的效果图。

图 1-9 3ds Max 制作完成的效果图

2. Maya

Maya 是美国 Alias|Wavefront 公司出品的世界顶级的三维动画软件，它是一个包含有丰富功能的巨大程序。Maya 功能完善、应用灵活、易学易用、制作效率极高、渲染真实性极强，是电影级别的高端制作工具软件。Maya 集成了 Alias 和 Wavefront 最先进的动画和数字效果技术，它不仅包含一般的三维视觉效果功能，而且具备先进的建模、数字化布料模拟、毛发渲染、运动匹配技术。目前，Maya 广泛地应用于专业影视广告、电影特技、动画等领域。图 1-10 是由 Maya 建模完成的效果。

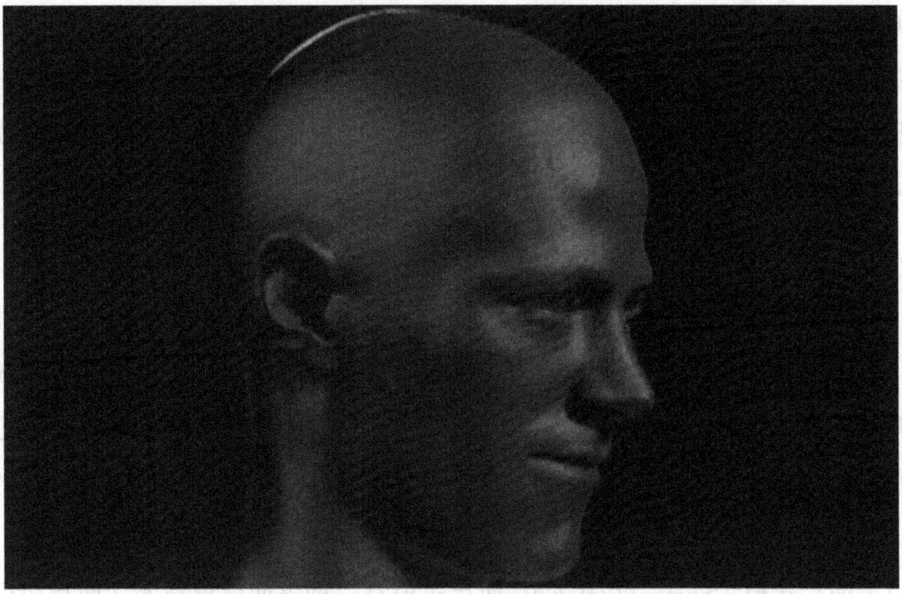

图 1-10　由 Maya 建模完成的效果

本书采用的三维建模软件是 3ds Max，其主要原因是本书的定位是三维场景建模，建模是重点，而 3ds Max 在建模方面表现出非常优秀的特质，它不仅可以制作简单的人物、动物、道具模型，而且可以制作出非常复杂的场景。

1.1.4　建模方式

建模方式可以分为基础建模和高级建模两部分。其中，基础建模包括基本几何体建模、扩展几何体建模、二维建模及复合建模等，高级建模包括多边形建模、面片建模和 NURBS 建模等。不同的建模方法具有自身的不同特点，应用于不同的场合，互相补充、相辅相成。

1. 基础建模

3d Max自带了一些模型，有基本几何体和扩展几何体，用户可以根据情况调用这些模型，并将其转换为“可编辑多边形”或者添加修改器对其进行编辑。使用基础模型可以快速地搭建出想要的模型，但这些模型相对比较规则，如要搭建较为复杂的物体模型，需在这些模型的基础上进行修改。

二维建模是将2D模型例如线、圆、多边形等进行编辑后，转换成3D模型，从而创建出所需要的三维模型。在将二维模型转换成三维模型的过程中，经常会用到一些修改器，如Extrude（挤出）、Lathe（车削）和Loft（放样）等。

复合几何体建模是一种非常高效的建模方式，它可以将两个或两个以上的二维、三维形体进行复合建模，得到另外一个三维物体。比较常用的复合几何体建模方法有Boolean（布尔运算）和Loft（放样）。

2. 高级建模

（1）多边形建模（Polygon）。多边形建模是最为传统也是最为流行的一种建模方法，它是通过点、线、面建立更加复杂的三维模型的方法。多边形建模一般从基本的几何体开始，通过不断地细分和光滑处理，最终创建出想要的模型。多边形建模占用系统容量小，操作便利，同时能创建出光滑、富有细节的造型和复杂的生物模型。

（2）面片建模（Surface/Patch）。面片建模是一种表面建模技术，面片建模可以用较少的控制点来控制很大的区域，常用来创建较大的平滑物体模型。在很多场合下，面片建模比多边形建模更具有优势，它占用的内存更少，对边的控制更容易。然而面片建模对建模师的三维空间感要求更高，在建模的速度上比多边形建模慢。但一些面片建模工具，例如Surface Tools等在某种程度上弥补了这些缺陷，使用户既能使用面片建模，又提高了建模效率。

（3）NURBS。NURBS是一种拥有海量用户的建模方法，它基于控制点来计算曲面的曲度，自动计算出光滑的表面精度。它的优点是控制点少，易于在空间中调节造型，而且自身具有一套完整的造型工具。它比较适合于搭建复杂的且具有流线型的物体模型，例如汽车、动物等。

总之，建模方法多种多样，每种建模方式各有优缺点，选用时需根据模型情况而定。但不管使用哪种建模方式，都需要建模师具备很强的三维空间感。建模师需要综合考虑模型特点，选择一种合适的建模方式，从而获得事半功倍的效果。

1.2　软件界面操作基础

要完美体现原图或设计的意图具有一定的挑战性，没有熟练的操作技能，就无法将最终的作品完整地呈现出来。因此，熟练掌握建模操作方法是建模师必备的技能。三维软件每年都会推出新版本，除了一些新功能和新的界面特性外，主体基本保持不变。本书用于讲解的版本是 3ds Max 2017 版。

1.2.1　界面及布局

启动 3ds Max 后，界面如图 1-11 所示。2017 版 3ds Max 采用了全新的界面设计，流线型新图标及扁平化界面设计使用户界面更易于识别与操作。下面详细介绍各个模块。

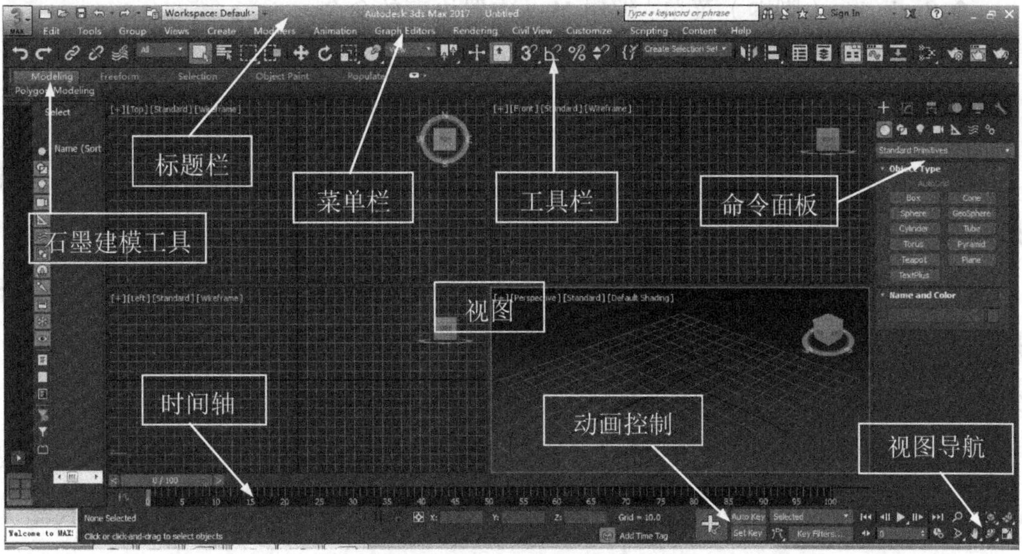

图 1-11　3ds Max 界面

（1）标题栏。标题栏显示的是当前文件名称、文件存储、文件的版本号等信息。

（2）菜单栏。菜单栏包括标准的 Windows 菜单栏，如 File（文件）、Edit（编辑），而且包括 Max 专有的菜单，如 Tools（工具）、Group（组）、Views（视图）、Create（创建）、Modifiers（修改器）等。

◆ File（文件）菜单：包括新建、重置、导入、导出等基本操作。

◆ Edit（编辑）菜单：选择、撤销、移动、旋转等基本操作。

◆ Tools（工具）菜单：操作对象常用的一些命令。

◆ Group（组）菜单：用于管理组对象的命令。

◆ Views（视图）菜单：对视图控制的一些常用命令。

◆ Create（创建）菜单：创建各类对象的命令。

◆ Modifiers（修改器）菜单：用于修改对象的各种常用命令。

◆ Animation（动画）菜单：设置对象动画的操作命令。

◆ Graph Editors（图形编辑器）菜单：以图像方式编辑对象的命令。

◆ Rendering（渲染）菜单：与渲染有关的操作。

◆ Civil View 菜单：一款供土木工程师等人员专用的可视化工具。

◆ Customize（自定义）菜单：自定义用户界面的命令。

◆ Scripting（脚本）菜单：编辑 Max 内置语言的命令。

◆ Content（内容）菜单：创意市场三维内容商店等相关信息。

◆ Help（帮助）菜单：与 Max 帮助相关的文档。

（3）工具栏。工具栏里包含一些常用的、重要的工具，例如选择、旋转、三维捕捉等，很多工具都提供了快捷方式，使用户便于操作，快捷方式见附录。

（4）石墨建模工具。工具栏的下方是石墨建模工具，当鼠标移上去时会呈现下拉面板。这是一套快速有效的多边形建模工具，提供了强大的子对象选择、编辑、变换、UV 编辑、视口绘图等工具集，在多边形编辑时非常有用。

（5）视图。3ds Max 中最大的区域就是视图区域（Viewport），也称为视口。视图分为四个相等的矩形区域，默认情况下分别为 Top（顶视图）、Front（前视图）、Left（左视图）、Perspective（透视视图）。其中 Top（顶视图）、Front（前视图）、Left（左视图）为二维视图，而 Perspective(透视视图）观察到的模型类似于人眼实际观察的效果。用户可以在视图标识上单击切换不同的视图，或者用每个视图的访问键作为快捷方式切换，例如 T（顶视图）、F（前视图）、L（左视图）、P（透视视图）。

（6）命令面板。命令面板是 3ds Max 中非常重要的一块区域，集合了 6 大模块的内容，包括创建、修改、层次、运动、显示、工具面板。特别是创建面板，它是建模的基础。该面板包含创建几何体、二维形体、灯光、摄像机以及其他一些辅助对象等。

（7）视图导航区。该模块是用来调节视图状态的区域。

（8）动画控制区。该模块包含创建动画、控制动画、动画参数的修改等操作命令。

（9）时间轴。时间轴是基于帧的时间线，通过设置时间轴可以呈现生动的动画效果。

（10）状态栏。状态栏用于显示场景和当前命令的提示和信息。

1.2.2　新建、保存及归档场景文件

1. 新建、打开、重置场景文件

单击应用程序图标会弹出下拉菜单，执行 New（新建）>New All（新建全部）命令可以创建一个空白场景。也可用组合键【Ctrl+N】新建场景文件。如果要打开已有的源文件，则执行 Open（打开）>Open（打开）命令或按组合键【Ctrl+ O】。

在 3ds Max 中，新建和重置场景文件的含义有点类似。Reset（重置）命令可以清除 3ds Max 里所有的数据，并且会将其恢复到启动时的状态，同时清除场景，所有的工具都恢复到默认状态。因此，选择 Reset（重置）命令与退出并重启 3ds Max 的结果是相同的。重置时，会弹出如图 1-12 所示的对话框，询问是否要重置，单击 Save（保存）按钮保存当前场景文件并重置；单击 Don't Save（不保存）按钮不保存当前场景文件并重置。选择后，3ds Max 还会弹出如图 1-13 所示的对话框，确认是否真的要重置场景文件。

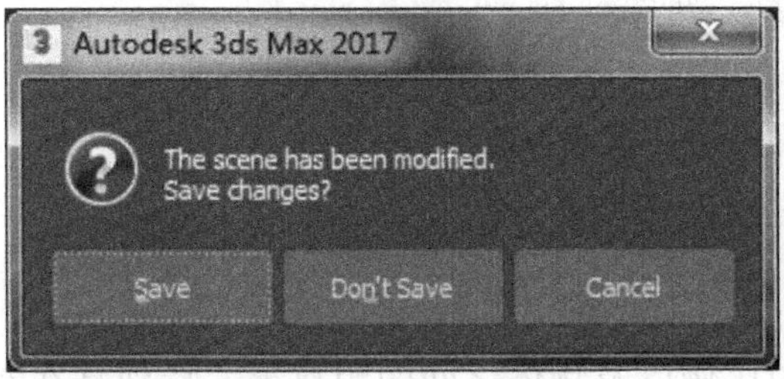

图 1-12　重置对

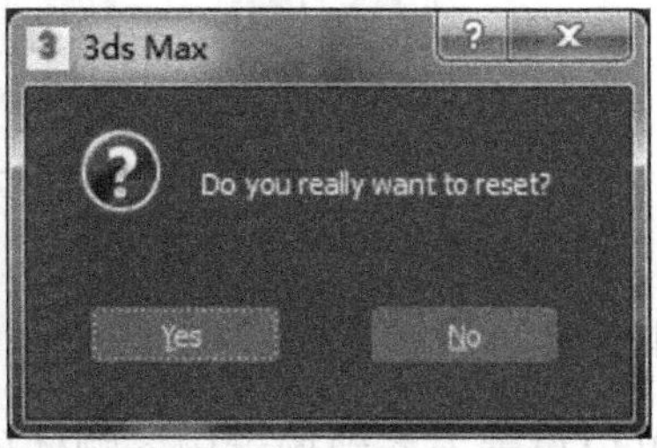

图 1-13　确认对话框

2. 保存、导出场景文件

场景文件制作完成后，要不定期地保存源文件。保存文件时，执行 Save As（另存为）命令，组合键为【Ctrl+S】。2017 版的 3ds Max 可以向下兼容到 2014、2015、2016 版本，为不同版本之间的合作提供了方便。

3ds Max 提供了多种导出外部场景文件的格式，例如 FBX、3DS、OBJ 等。如果导出的文件需要继续在其他平台上使用，推荐导出成 FBX 格式，这是因为 FBX 文件保留了 FBX 贴图，不会造成贴图丢失。3DS 文件可以在不同版本 3ds Max 之间进行导入导出，但该文件类型会丢失贴图、灯光等参数。

3. 归档场景文件

场景文件经过拷贝、传输后，由于路径的变化，会导致无法正确地指定材质贴图。使用归档场景文件可以避免这种情况。执行 Save As（保存）>Archive（归档）命令可以将源文件进行归档处理，如图 1–14 所示。

图 1–14 归档场景文件

1.2.3 设置单位

单位设置关系到场景中各物体的比例以及物体之间的距离等。特别是在制作一些大场景时，务必设置好单位，从而保证场景中物体协调统一。设置单位可执行以下步骤。

（1）选择菜单栏中的 Customize（自定义）>Units Setup（单位设置）命令，弹出如图 1-15 所示的对话框。

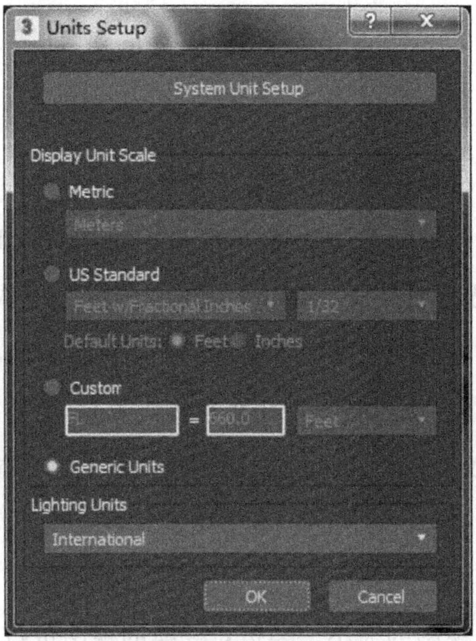

图 1-15　单位设置面板

（2）单击 System Unit Setup（系统单位设置）按钮，弹出系统单位设置对话框，如图 1-16 所示。可以根据需求将 1 单位设置为毫米、厘米、米、英寸等。

图 1-16　系统单位设置对话框

（3）在 Display Unit Scale（显示单位比例）栏中，默认情况下系统选择的是 Generic Units（通用单位）。系统创建的物体尺寸将只显示数字，而不显示数字的单位。

1.2.4 视图操作

1. 视图区域

视图区域是执行各种操作命令的主要工作场所，通过各个视图可以快速了解模型的各部分结构。在默认情况下，工作视图由 Top（顶视图）、Front（前视图）、Left（左视图）、Perspective（透视视图）组成。Top（顶视图）是从顶部观察物体的形态；Front（前视图）是从物体的前面观察物体；Left（左视图）是从物体的左侧观察物体；Perspective（透视视图）可以从任意视角观察物体。Top（顶视图）、Front（前视图）、Left（左视图）属于正交视图，主要用于调整物体间的相对位置或对物体进行编辑，Perspective（透视视图）是立体视图，主要用于观察效果。

视图区域的大小并不是完全固定的，用户可以根据需要用鼠标拖拽视图中间的交叉处，从而变换四个视图的大小。要想对变换的视图进行复位，只需在视图交叉处右击，在弹出的 Reset Layout（重置布局）上单击即可复原。也可以单击视图左上角的[+]，在弹出的下拉菜单中选择 Configure Viewports（配置视口），弹出如图 1-17 所示的视口配置面板，选择 Layout（布局）选项卡，其中可以看到各种可供选择的布局。用户可以根据喜爱选择一种布局，并在相应的视口中单击进行切换视口。

提示

- 在视图中编辑对象时，首先要激活该视图，激活的方法可以用左键或右键。在某物体被选择的状态下，建议用右键激活，这样既能保证激活某视图，又能保持对该物体的选择状态。
- 各个视图可以用快捷键进行快速切换，快捷键分别为各视口英文单词的首字母。
  - T：Top
  - F：Front
  - L：Left
  - P：Perspective

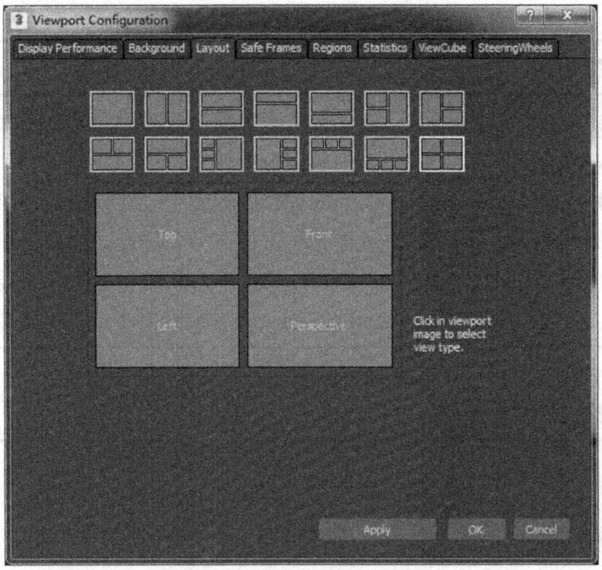

图 1-17　视口配置面板

2. 视图控制

视图控制区域位于界面的右下角，主要用于改变各视图观察物体的方式，但并不能改变物体的实际属性，具体功能见表 1-1。

表 1-1　视图控制区各按钮的功能

视图控制工具	功能作用
Zoom（放大）	单击该控制工具，在激活的视图中运用鼠标左键可以拉近或者推远视图
Zoom All（放大所有视图）	运用鼠标左键可以同时拉近或者推远四个视图
Zoom Extends Selected(最大方式显示)	单击该按钮，可以最大化显示被激活的视图
Zoom Extends All Selected（最大方式显示所有视图）	单击该按钮，可以最大化显示四个视图中的物体
Field of View（视角） Zoom Region（缩放区域）	此功能仅限于透视视图，用于缩放该视图将选择部分放大到最大
Pan View（移动视图） 2D Pan Zoom ModeWalk Through	可以在二维平面内移动视图 仅限于透视视图，允许在平移的同时进行放大 仅限于透视视图，可以实现漫游导航

续表

视图控制工具	功能作用
Orbit（环绕） Orbit Selected Orbit Sub Object Orbit Point of Interest	环绕工具包括四种方式，Orbit（环绕）是以视点中心作为旋转中心；Orbit Selected（选定的环绕）是以当前选择的物体作为旋转中心，当旋转时，选中的物体始终保持在一个位置；Orbit Sub Object（环绕子对象）以当前子对象的中心作为旋转中心；Orbit Point of Interest（动态观察关注点）以兴趣点作为旋转中心
Maximize Viewport Toggle（最大化视图切换）	可以将某激活视图进行全屏显示或者恢复

1.3 对象操作基础

1.3.1 选择操作

选择是最基础的对象操作，在一些大场景中，能迅速做出精准的选择可以大大提高建模的速度。

1. 直接选择

使用 Select Object（选择物体）工具可以选择视图中的场景对象，此工具适用于只选择而不移动该物体，快捷键【Q】。

2. 区域选择

区域选择也可称为框选对象，默认情况下，在 Select Object（选择物体）工具选定的情况下，按下鼠标左键，移动光标在视图中绘制出一个矩形选框，然后松开左键，即可选中框选的所有对象。在框选状态下，按快捷键【Q】可以切换至框选区域的其他模式，如圆形区域、围栏形区域等。

3. 增加选择、取消选择、反选

如果当前选择了一个或者多个对象，需要再选择其他物体，可以按住 Ctrl 键单击或框选其他对象；如果当前选择了多个对象，需要取消某些对象，可按住 Alt 键单击或框选要取消的对象，即可完成操作。

如果当前选择了某些对象，需要排除已选对象之外的对象，可以选择 Edit（编辑）

>Select Invert（反选）命令，或者按组合键【Ctrl+I】完成。

4. 根据名称选择

在建立大场景时，场景中的道具、物品非常多，此时很难快速选择某个物体。在这种情况下，Select by Name（根据名称选择）是非常好的一个工具。选择工具栏中的 Select by Name(根据名称选择）工具或者按快捷键【H】,弹出如图 1-18 所示的面板。为了能快速定位到物体，建模时应养成及时设置模型名称的习惯。

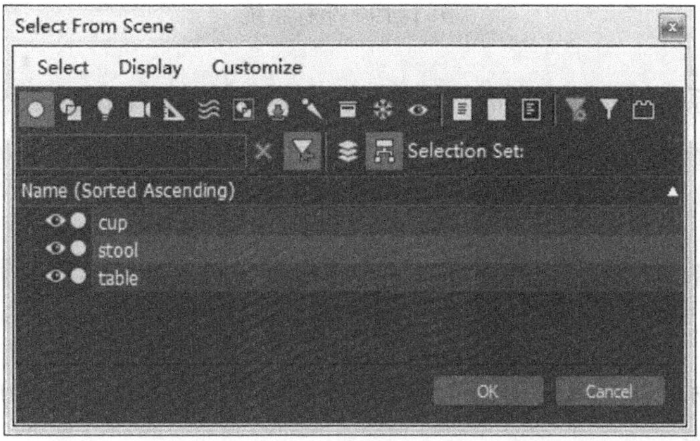

图 1-18　根据名称选择面板

1.3.2　移动、缩放物体

选择了物体后，可以对该物体进行移动、旋转、缩放等编辑。移动、旋转物体对物体的物理属性没有影响，但会涉及坐标的概念。

1. 三维坐标系统

三维坐标系统比较复杂，有 View（视图）坐标系统、Screen（屏幕）坐标系统、World（世界）坐标系统、Parent（父）对象坐标系统、Local（局部）坐标系统、Grid（栅格）坐标系统、Pick（拾取）坐标系统等。在工具栏中的 View 下拉列表框中列出了所有的坐标系统，如图 1-19 所示。

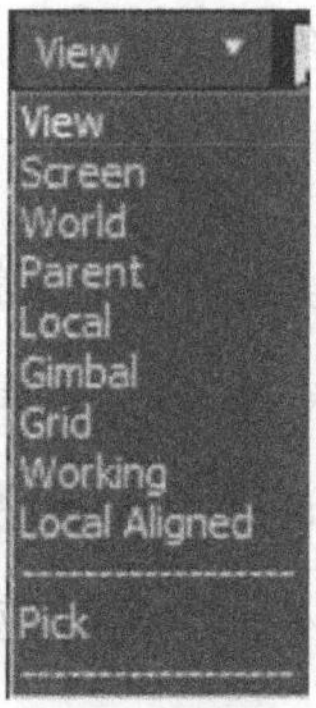

图 1-19 坐标系统

视图坐标系统是系统默认的坐标系统，也是最普通的坐标系统。

屏幕坐标系统在所有的视图中都使用相同的坐标轴向，即 X 轴为水平方向，Y 轴为垂直方向，Z 轴为景深方向，这是用户习惯的坐标方向。

世界坐标系统在任意视图中都是固定不变的，可以使任何视图中都有相同的坐标轴显示。

父对象坐标系统可以使子物体与父物体之间保持依赖关系，使子物体以父轴向为基础发生改变。

局部坐标系统使用选定对象的坐标系，对象的局部坐标系由其轴点支撑。

拾取坐标系统可以拾取屏幕中的任意一个对象，是使用被拾取物体的自身对象的坐标系统。

用户可根据实际情况需要选择某种坐标系统，从而帮助快速建模。

2. 移动物体

移动物体包括沿着轴向移动、沿着平面移动、任意移动等。移动物体时，选择工具栏中的 Select and Move（选择并移动）工具，选择某个物体，该物体上会显示出轴向，红色代表 X 轴，绿色代表 Y 轴，蓝色代表 Z 轴。当想沿某个轴向移动时，将鼠标悬浮在该轴向上，该轴向即以高亮黄色显示，此时移动物体即可，见图 1-20。

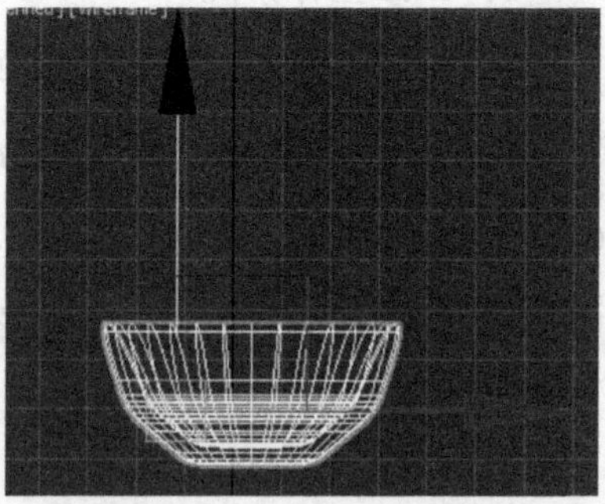

图 1-20 锁定轴向移动

在实际操作中，也可以让物体沿着某个平面移动。将鼠标放在两轴交叉处，可以看到中间矩形块变成亮黄色，此时按下鼠标左键并移动，可以锁定物体仅在该平面内活动，见图 1-21。

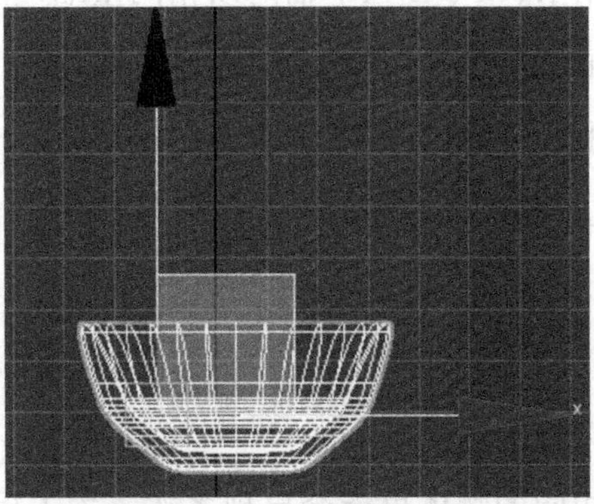

图 1-21　锁定平面移动

3. 旋转物体

三维物体可以绕着自身轴向旋转，也可以绕着某个固定的点旋转。选择工具栏中的 Select and Rotate（选择并旋转）工具或使用快捷键【E】，可以看到被选择的物体上出现红、绿、蓝三种颜色三个方向的旋转箭头，激活某个颜色对应的方向，可以让物体绕着该轴向旋转。需要控制旋转角度时，可以打开 Angle snap toggle（角度捕捉）工具，右击打开角度捕捉工具的设置对话框，如图 1-22 所示。在对话框中可设置每转一次的角度，这样可以精确地控制旋转角度。

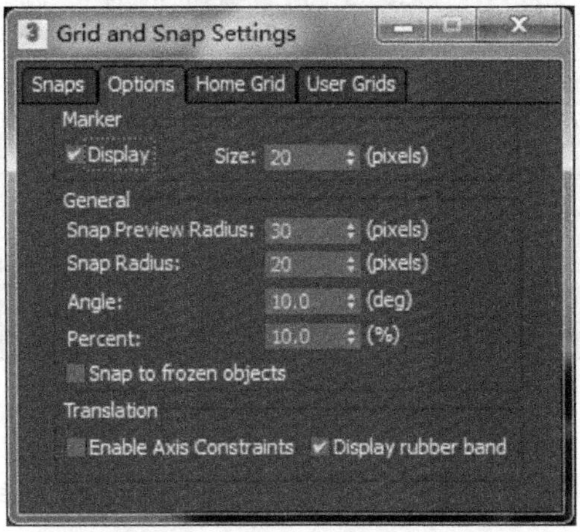

图 1-22　角度捕捉工具的设置对话框

4. 缩放物体

缩放物体工具包括选择并均匀缩放、选择并非均匀缩放、选择并挤压三种方式，见图 1-23。使用“选择并均匀缩放”工具可以沿 X、Y、Z 三个轴向以相同量缩放对象，同时保持对象的原始比例。使用“选择并非均匀缩放”工具可以根据活动轴约束以非均匀方式缩放物体。“选择并挤压”工具可以在缩放的同时产生挤压或拉伸的效果。

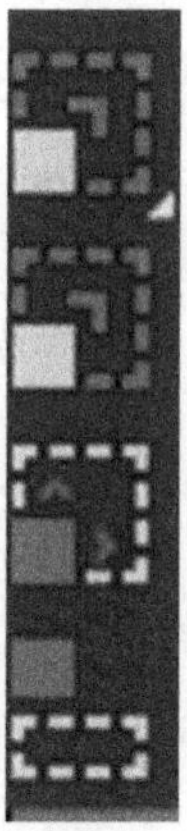

图 1-23 缩放工具

1.3.3 复制物体

在同一个场景中，相同的物体可能会出现多次，为了提高建模速度，往往通过复制的方式创建出这些相同的模型。复制模型可以通过 Clone（克隆）、Mirror（镜像）、Array（阵列）三种方式进行。

1. 通过 Clone 方式复制

在 Clone Options（复制选项）对话框中，有 Copy（复制）、Instance（实例）和 Reference（参考）三种选项，如图 1-24 所示。

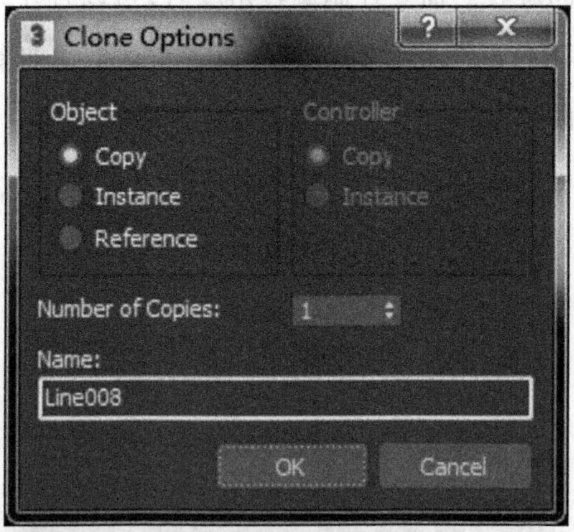

图 1-24 复制方式

◆ Copy（复制）：用该方式复制的物体与源物体一模一样，并且相互独立。

◆ Instance（实例）：用该方式复制的物体与源对象有关联，对两者中的任一对象进行修改时，另一对象会发生相应的变化。

◆ Reference（参考）：与实例有点类似，修改源物体会影响到参考物体，但修改参考物体不会影响到源物体。

复制模型时有多种方法，最快捷的方法是按住 Shift 键，往想让模型延伸的方向拖动模型，会弹出如图 1-24 所示的界面，选择好复制方式，并确认好复制物体的数量，就可以整齐地复制出想要的物体。旋转和缩放的同时同样可以复制出很多模型，方法与移动复制相同。

2. 通过 Mirror 镜像复制

镜像复制就是利用镜像工具把选择的物体通过镜像的方式复制出来。要创建镜像物体，首先激活被镜像的物体，选择 Tools（工具）>Mirror（镜像）命令或者单击工具栏中的镜像工具，弹出如图 1-25 所示的对话框。通过 Mirror Axis（镜像轴）可以选择镜像轴，Offset（偏移）设置镜像偏移量，Clone Selection（克隆当前对象）选择复制的类型。

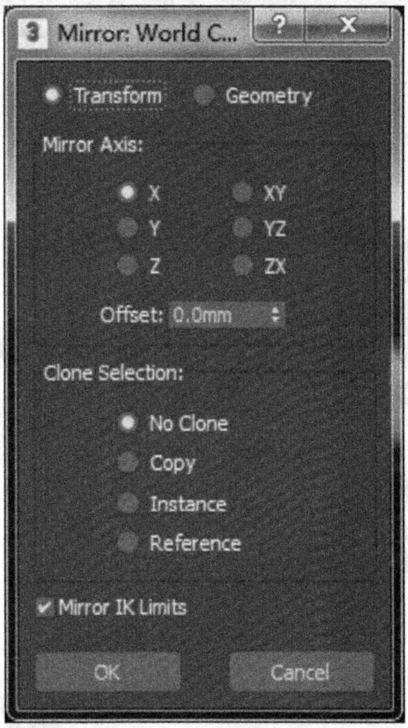

图 1-25　镜像对话框

3. 通过 Array 阵列复制

阵列复制可以复制出多个存在某种变化规律或者按某种顺序排列的物体。执行 Tools（工具）>Array（阵列）命令可以调出如图 1-26 所示的阵列对话框。阵列包括一维阵列、二维阵列和三维阵列。图 1-27 所示的基因模型就是用阵列复制出来的。

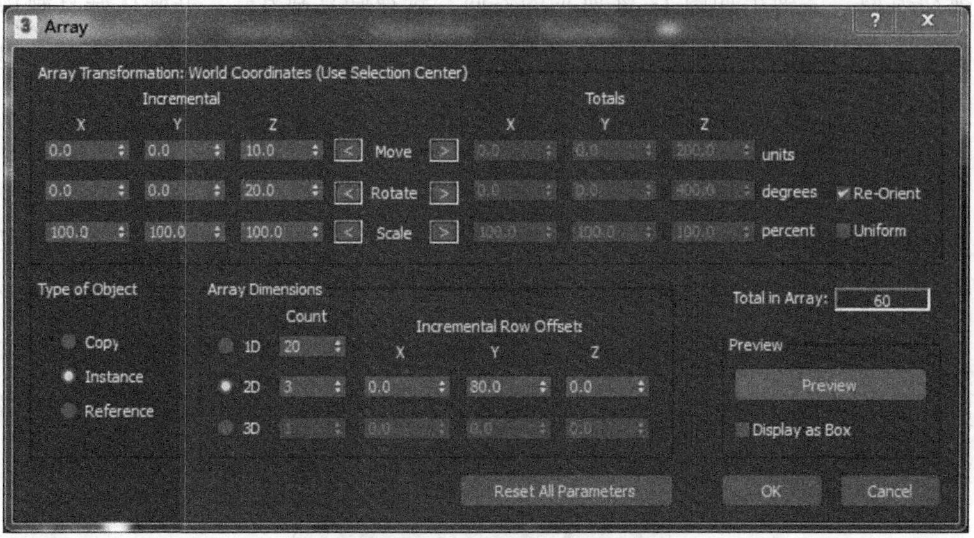

图 1-26　阵列对话框

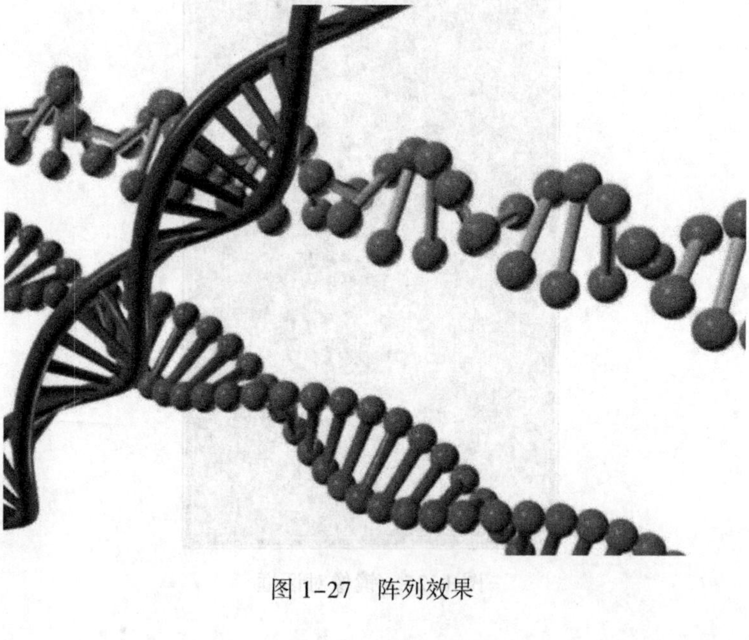

图 1-27　阵列效果

1.3.4　对齐操作

建模过程中，可以采用手动拖拉的方式让物体对齐，但这种对齐方式存在一定的误差。因此,采用对齐操作能够增加对齐的准确度。选择某个模型,执行 Tools（工具）>Align（对齐）命令或单击工具栏中的对齐工具,弹出如图 1-28 所示的面板。

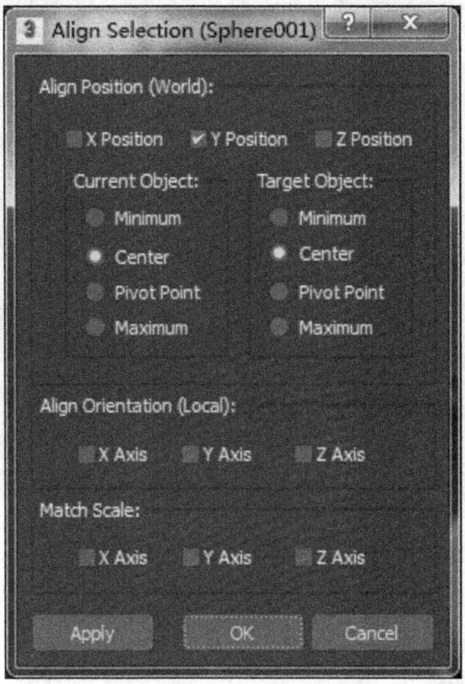

图 1-28　“对齐”面板

可以根据 X、Y、Z 三个轴向进行对齐，第一次选择的模型称为当前对象，第二次选择的对象称为目标对象，对齐方式分为最小、中心、轴心点及最大对齐。最小和最大都是相对于轴心点来说的，沿着轴线正方向远离轴心点为最大，逆着轴线正方向远离轴心点为最小。

在对齐操作中，还经常会用到 Spacing Tool（间隔工具），用该工具可沿着一条样条线或两个点定义的路径分布对象，分布的对象可以是当前选定对象的副本、实例或参考。执行 Tools（工具）>Align（对齐）Spacing Tool（间隔工具）命令，可以看到间隔工具的参数面板，如图 1-29 所示。通过拾取样条线或两个点并设置一些参数可以定义基本的路径，同时，也可以指定间隔的方式设置对象的相交点是否与样条线的切线对齐等。

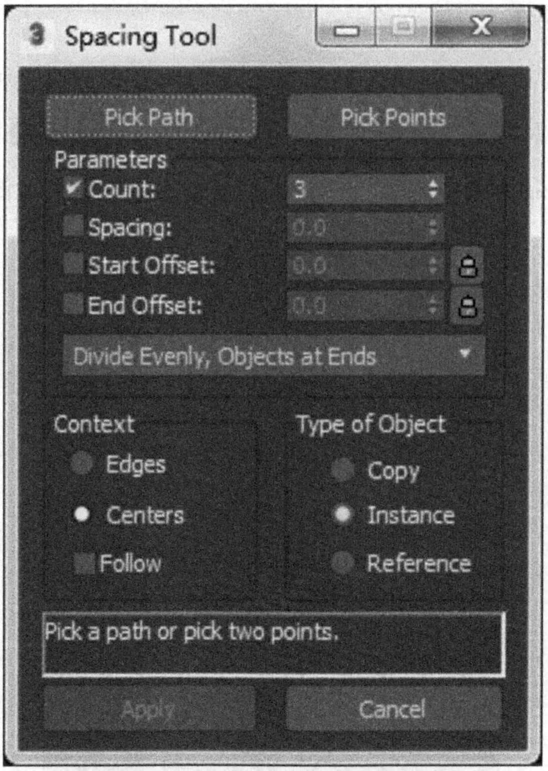

图 1-29 间隔工具的参数面板

1.3.5 隐藏和冻结

场景中某些物体不需要时，可以选中后直接按 Delete 键删除，但有些物体可能在后面会用到，或者在操作时不希望对该物体产生影响，此时可以用隐藏的方式把物体隐藏掉。用户可直接在该物体上右击，选择 Hide Select（隐藏选定对象）命令。用同样的方法操作可以对物体进行冻结，从而使该物体在场景中不受其他操作的影响。

1.4 课堂练习

请用基本几何体通过选择、复制、缩放、对齐等操作完成如图 1-30 所示的场景，可以在该场景的基础上做任意修改。

图 1-30　场景效果图

1.5 思考题

（1）三维模型主要应用在哪些场合？请举例说明。

（2）在 3ds Max 中，通过克隆复制的选项方式包括哪几种？它们的区别是什么？

（3）高级建模包括哪些建模方法？

第 2 章 基础建模

本章学习目标

- 掌握二维样条线建模的基本方法
- 掌握二维图形转三维模型的基本方法
- 掌握基本几何体建模方法
- 了解如何对基本几何体进行适当修改
- 掌握布尔运算、放样等几种复合建模方法基础建模包括基本几何体建模、扩展几何体建模、二维图形建模及复合几何体建模。这些建模方法以最基本的二维、三维几何体为基础，迅速地搭建出模型轮廓或者框架，在此基础上做一些适当的修改，从而达到预期的三维效果。

2.1 二维图形建模

二维图形是最基础的模型，包括线、矩形、圆、多边形等。创建二维图形后，可以通过修改器命令对其进行修改，从而创建出所需要的二维模型；同时也可以添加适当的修改器（如挤出、车削、放样等），将其转换成三维模型。

2.1.1 二维图形建模基础

二维图形（Shapes）是指一条或者多条样条线组成的对象。样条线又是由顶点和线段组成，只要调整样条线的点及线段的参数就可以勾勒出复杂的二维图形，再利用一些修改器，可以使这些二维图形生成三维图形。3ds Max 里的二维图形包括 Line（线）、Rectangle（矩形）、Circle（圆）、Ellipse（椭圆）、Arc（弧）、Donut（环形）、NGon（多边形）、Star（星形）、Text（文字）、Helix（螺旋形）、Egg（卵形）、Section（截面）等，如图 2-1 所示。在三维建模中，二维图形有三种用途：一是直接绘制二维图形并应用于三维场景中；二是绘制出模型的轮廓，再添加二维转三维的修改器将其转换成三维模型；三是作为三维模型的“脚手架”或者路径，待三维模型建好或动画完成后，就可以删除二维模型。

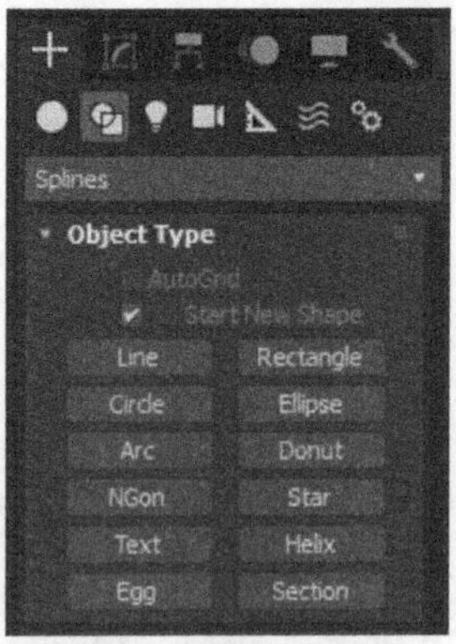

图 2-1　二维图形面板

除了基本的二维样条线，3ds Max 还提供了较为丰富的扩展样条线，包括 WRectangle（墙矩形）、Channel（通道）、Angle（角度）、Tee（T 形）、Wide Flange（宽法兰），如图 2-2 所示。扩展样条线的创建方法及参数设置与样条线的使用方法基本相同。

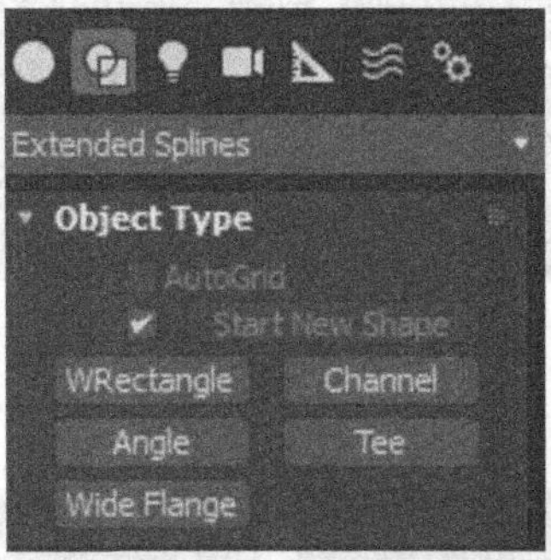

图 2-2　扩展样条线

2.1.2　编辑二维样条线

虽然 3ds Max 提供了基本的二维样条线和扩展样条线等二维图形，但当创建一些复杂模型时，还需要对样条线进行修改。样条线是由一系列点定义的曲线，样条线上的点通常称为节点（Vertex），连接两点的线称为线段（Segment）。

1. 节点类型

节点是样条线上的任意一个点，节点有四种类型，如图 2-3 所示。

（1）Corner（角点）：Corner 节点两端的入线段和出线段相互独立，两线段可以自由调节，任意一边的线段都是线性的。

（2）Smooth（光滑）：Smooth 节点使左右两侧线段的切线在同一条线上，从而呈现出光滑的效果，该曲率不可调整，直接由两节点的间距决定。

（3）Bezier（贝赛尔）：Bezier 节点的效果类似于 Smooth 节点，但 Bezier 节点提供了一个可以调节切线矢量大小的句柄，通过这个句柄可以调节样条线的曲率和曲线的方向。

（4）Bezier Corner（贝赛尔拐角）：Bezier Corner 为左右两侧线段分别提供了两个调整句柄，这两个句柄相互独立，可以单独进行调整。

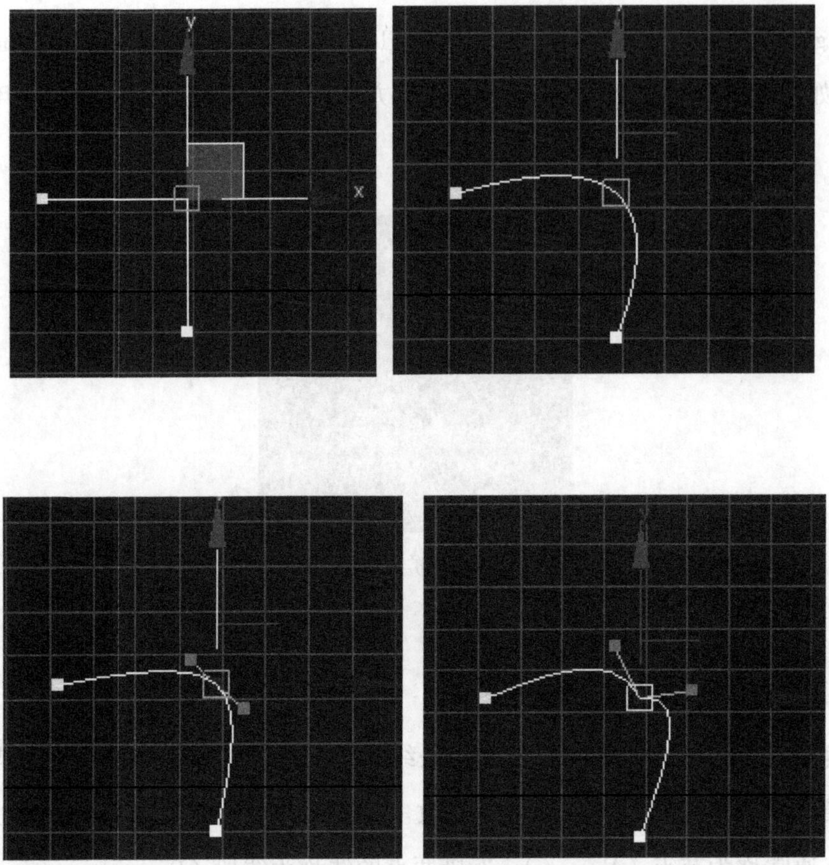

图 2-3　四种节点的效果

这几种节点类型可以根据场景需要相互转换，操作方法是在节点上右击，在弹出的菜单上选择相应的节点类型。在绘制时，鼠标的不同操作会产生不同类型的节点，单击鼠标产生角点，按住鼠标左键移动鼠标产生贝赛尔节点。

2. 二维样条线的创建

这里以 Line 为例重点介绍如何编辑二维样条线。利用 Shape 面板中的 Line 命令可以绘制一条或者多条同时包含直线段或曲线段的样条线对象。单击命令面板中的 Create（创建）按钮，再单击 Shape（图形）按钮，系统会自动展开参数面板。在所有的二维图形中，Line 是比较特殊的，选择 Line 命令绘制曲线，在视图中即可生成二维样条线。样条线有三个次级对象，分别是 Vertex(点)、Segment（线段）、Spline（样条线），快捷方式分别是 1、2、3。不同的次级对象会有不同的卷展栏参数，具体含义如下。

（1）Rendering（渲染卷展栏）。这个卷展栏主要处理样条线的渲染参数及可视性能。默认情况下，绘制的二维图形的粗细、边等在场景中是没有效果的，二维图形在渲染时也是不可见的，但通过一些基本设置可以展示其基本特征。Rendering 卷展栏各选项的功能如下：

① Enable In Render（在渲染中启用）：能够渲染出绘制的二维图形。

② Enable In Viewport（在视口中可用）：在视口中能够显示出二维图形的特征，例如线条的粗细、边数等。

③ Generate Mapping Coords：用于为二维图形指定材质贴图。

④ Real-Word Map Size：在视口中显示材质纹理。

⑤ Radial：径向特征，包括 Thickness（样条线粗细）、Sides（边），以及 Angles（截面旋转角度）。

（2）Interpolation（插值卷展栏）。该卷展栏里主要包括 Step（步数）、Optimize（优化）及 Adaptive（自适应）三个参数。Step 参数设置样条线的段数，该值越大，样条线精度越高；Optimize 开启时，会删除不必要的步数，默认情况下为开；Adaptive 关闭时，可运用优化和步数手动控制插值，打开时，系统会为每条样条线设置一定的步数，从而产生光滑的曲线。

（3）Selection（选择）。Selection 面板里分为三个次级对象层级，分别是 Vertex（点）、Segment（线段）、Spline（线）。三个层级的快捷方式分别是 1、2、3，1 代表 Vertex，2 代表 Segment，3 代表 Spline。在建模过程中可以使用快捷方式快速地切换，当然也可以在 Selection 面板里选择进行切换。

（4）Soft selection（软选择）。Soft selection 是一个非常有用的操作，如图 2-4 所示，当改变 Fall off（衰减）、Pinch（收缩）、Bubble（膨胀）三个参数时，会影响当前选择点附近节点的影响区域，从被选择点呈红色开始，慢慢地向周边扩散，颜色依次呈现出黄色、蓝色等，从而显示影响程度。当对该选择点进行移动等操作时，会影响到周边节点的位置及其他参数。

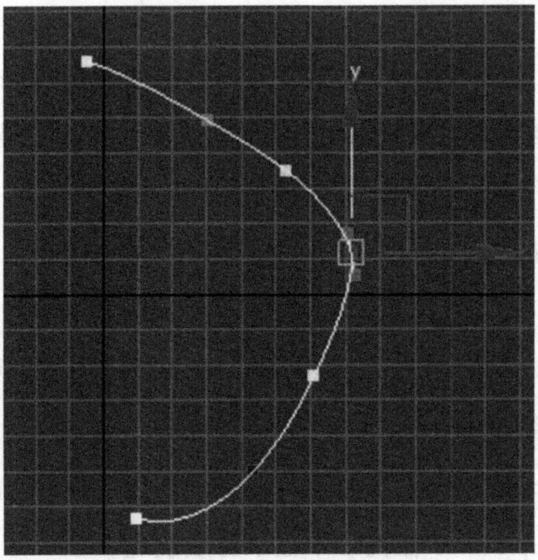

图 2-4 Soft selection 示例

（5）Geometry（几何体） 在 Geometry 这个面板里，包含很多次级对象工具，这些工具与选择的次对象层次密切相关。有些工具在某层级中是灰色的，在当前状态下不可用，代表该工具只适用于另外的层级对象。下面介绍一些最常用的次级对象工具。

① Create line（创建线）：在当前图形上可创建新的样条线，新老图形成为一个组合图形。

② Break（断开）：选择某个节点，可以从该节点处断开样条线。

③ Attach（附加）：该操作可以将其他的处于非编辑状态的图形与当前图形合并形成一个组合图形，从而进行后续操作。Attach Mult 命令可以同时合并多个图形。

④ Cross section（横截面）：可以在当前选择的样条线节点间建立横截面。

⑤ Refine（优化）：在样条线上增加新的节点，但不改变原样条线的曲率。选择后面的 Connect（连接）复选框，可以在新建立的节点处再增加相应的节点，在结束优化操作时，系统会创建新的样条线将这些顶点相连。

⑥ Weld（焊接）：可以焊接距离小于微调按钮设定值的两点，操作时选择两点，单击 Weld 选项即可。这里的两点要求是断开的。

⑦ Connect（连接）：单击一个断开的节点并拖至另一个断开的节点，可以在这两个节点间新增一线段并封闭样条线。

⑧ Insert（插入）：在样条线上单击并拖动可插入节点，并创建附加线段，同时改变曲线的曲率。

⑨ Fuse（熔合）：同时选择两个节点，单击 Fuse 会使这两个节点重叠，但不会焊接在一起。这有别于 Weld 操作。

⑩ Fillet（圆角）：选择某个节点并拖动，可以调节该节点为圆角。

⑪ Chamfer（切角）：选择某个节点并拖动，可以调节该节点为切角。

⑫ Outline（轮廓）：在样条线层级下，选择 Outline 按钮，拖动样条线可以创建一条外围线。

不同于 Line 二维样条线，其他图形绘制出来后只有 Rendering（渲染）、Interpolation（插值）、Parameters（参数）几个基础面板，如要对样条线进行更改，有两种方法：一种方法是右击图形，选择 Convert To（转换为）>Convert to Editable Spline（转换为可编辑样条线）命令；另一种方法是在修改器列表中添加 Edit Spline（编辑样条线）修改器。通过这两种方法达到修改点、线段及样条线级别的具体参数。其他二维图形的绘制可参见 MAX 帮助文档。

提示

两种转换方法有一定的区别。与 Convert to Editable Spline（转换为可编辑样条线）相比，Edit Spline（编辑样条线）的修改器堆栈中不只包含“编辑样条线”选项，同时保留了原始的样条线（包含基本参数）。

2.1.3 二维图形转换成三维模型

要将二维模型转换成三维模型，可以运用 Extrude（挤出）、Lathe（车削）以及 Surface（曲面）等修改器实现。

修改器是 3ds Max 中功能强大的建模工具之一。所谓“修改器”，是指可以通过对模型进行编辑，改变其几何形状及属性的命令。修改器对于创建一些特殊形状的物体具有非常明显的优势。有些修改器只适用于二维模型上，例如 Extrude（挤出）和 Lathe（车削）修改器，有些修改器则只适用于三维模型上，例如 Bend（弯曲）、FFD 等。本书会将修改器分布到各个章节中与其他方法结合起来使用和讲解，不做单独介绍。

■ **实例——制作夹子**

扫一扫，看视频

本实例以夹子为例，说明如何运用二维模型创建三维模型。为了使模型能接近于原物体，在建模前将原物体作为背景显示在视图中。激活某视图，选择 View（视图）>Viewport Background（视口背景）>Configure Viewport Background（配置视口背景）命令，系统会弹出如图 2-5 所示的对话框，选择想作为背景的夹子，从而为二维模型提供线索。最终效果如图 2-6 所示。接下来就可以绘制夹子侧面轮廓线了。

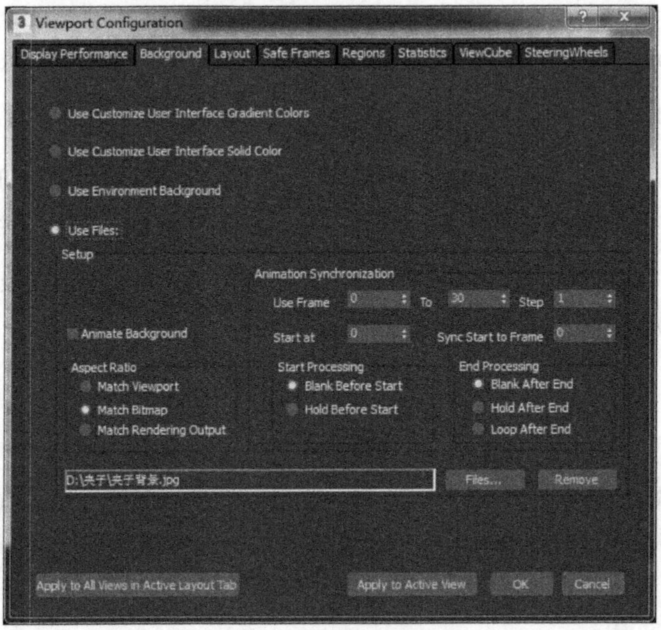

图 2-5　设置视图背景

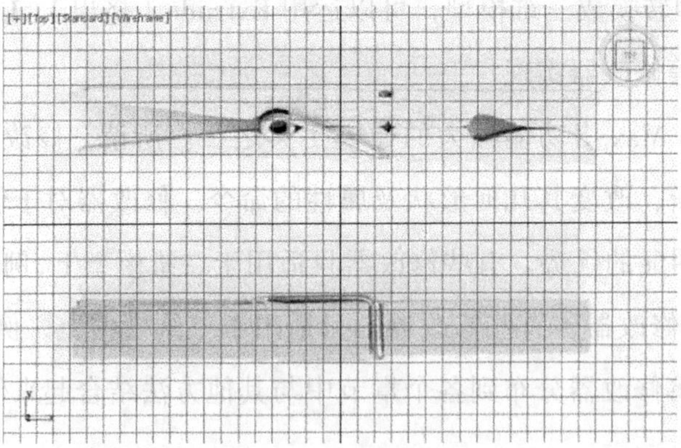

图 2-6　视图背景

1．绘制夹子的截面图

（1）单击 Create（创建）>Shape（图形）>Line（线）按钮，按照图 2-7 所示进行绘制，在绘制完毕后，系统弹出如图 2-8 所示的曲线对话框，询问是否闭合曲线，单击“是”按钮。为了看得更清楚，可以按 G 键取消视图中的栅格显示。

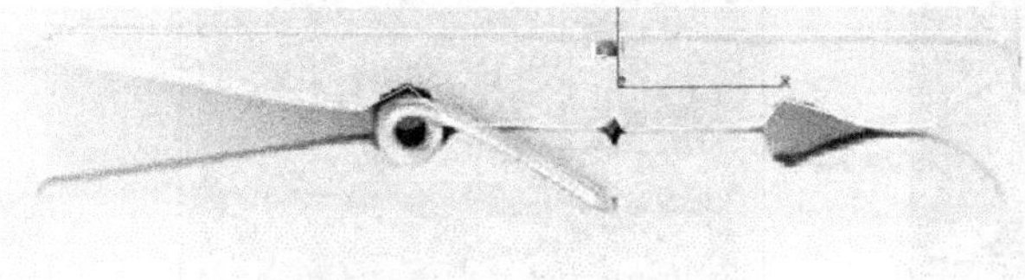

图 2-7　截面图

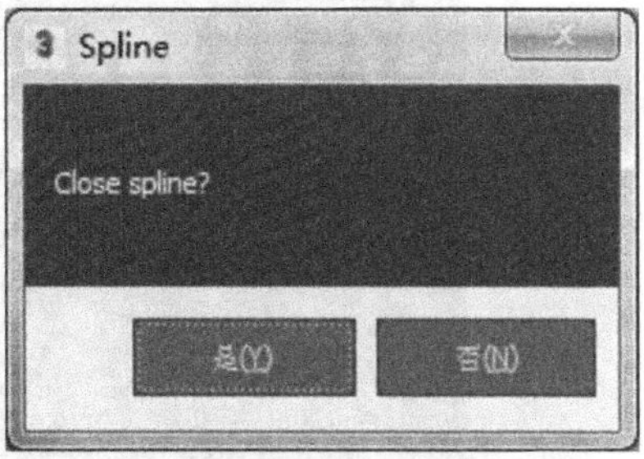

图 2-8　闭合曲线对话框

（2）单击修改命令面板按钮，进入 Vertex(点级)编辑模式，调节各个点，使之与原图吻合。并选择相关节点，用鼠标调节

圆角的参数大小，使其符合正常夹子的样子。调节后如图 2-9 所示。到此为止，夹子的截面图绘制完毕，接下来为截面加入 Extrude(挤出)修改器。

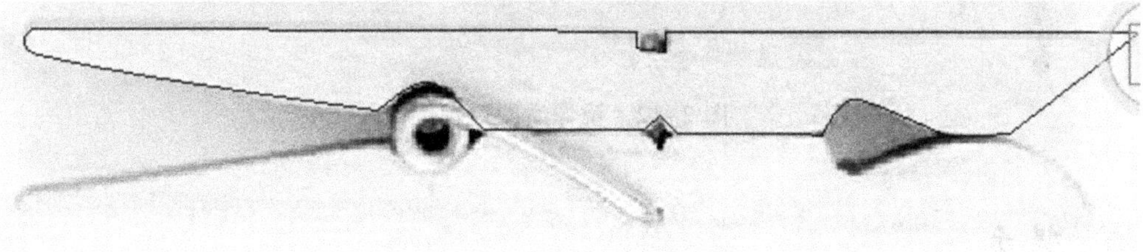

图 2-9　调节节点后的状态

2．加入 Extrude 修改器

（1）确认截面图形是呈被选择的状态，在修改命令面板的修改列表中为其加入 Extrude 修改器，设置 Amount 使宽度与原图大小吻合。参数设置如图 2-10 所示。

（2）单击工具栏中的 Mirror(镜像)命令按钮，在弹出的对话框中设置镜像轴为 Y 轴，勾选复制类型为 Instance(关联)复制，并调节 Offset(偏移)值，使其对称，如图 2-11 所示。

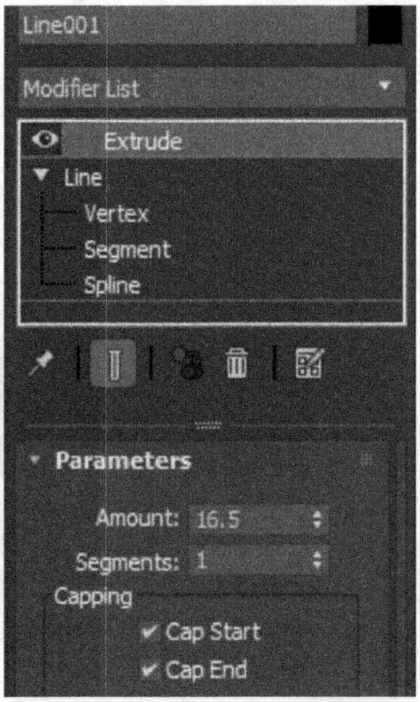

图 2-10 Extrude 参数设置

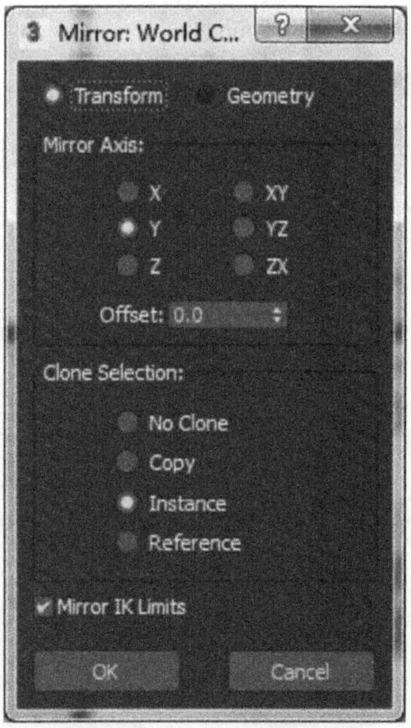

图 2-11 镜像操作

（3）切换到透视图查看效果，两片夹子制作完成，如图 2-12 所示。

图 2-12 镜像后的透视图

提示

将二维样条线转换成三维模型时，需要用到一些修改器，例如 Lathe（车削）、Extrude（挤压）。本次实例中用到的就是 Extrude（挤压）修改器。Extrude 修改器可以增加 2D 样条曲线的深度，使 2D 样条曲线通过挤压生成 3D 实体模型。其方法是：在创建物体前首先绘制出对象的二维样条曲线截面，然后挤压出厚度。

3. 制作夹簧

（1）单击螺旋线按钮，在顶视图中先绘制出螺旋线的半径，然后到 Front 视图中调节螺旋线的半径、高度及圈数，如图 2-13 所示。

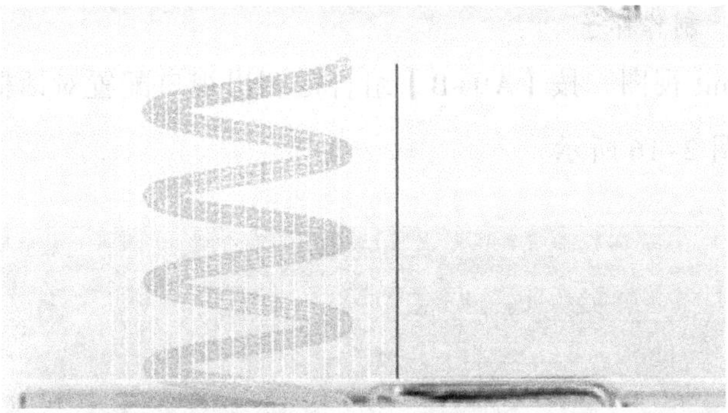

图 2-13　Helix 视图效果

（2）单击 Line（样条线）命令绘制出旁边及上面的两条线段，并用三个视图调整其位置。用 Attach 工具将螺旋线、三条直线连接为一个整体，并用 Weld 工具将其节点连接好。

（3）进入 Rendering(渲染)卷展栏，勾选在渲染中启用、生成贴图坐标、显示渲染风格等选项，并调整 Thickness(粗度)参数，如图 2-14 所示。这样一个完整的夹子即成型，如图 2-15 所示。

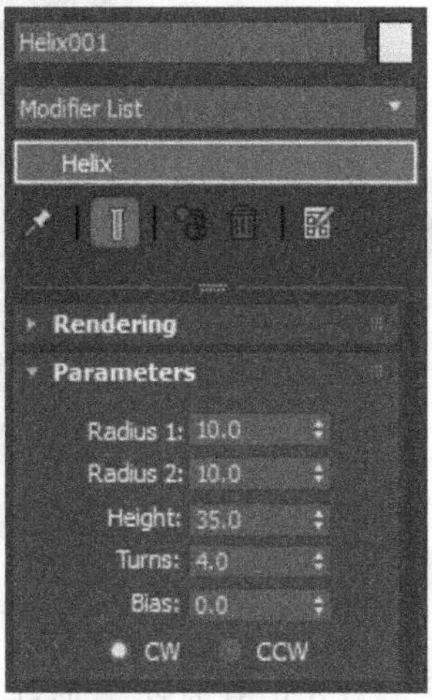

图 2-14　Helix 参数

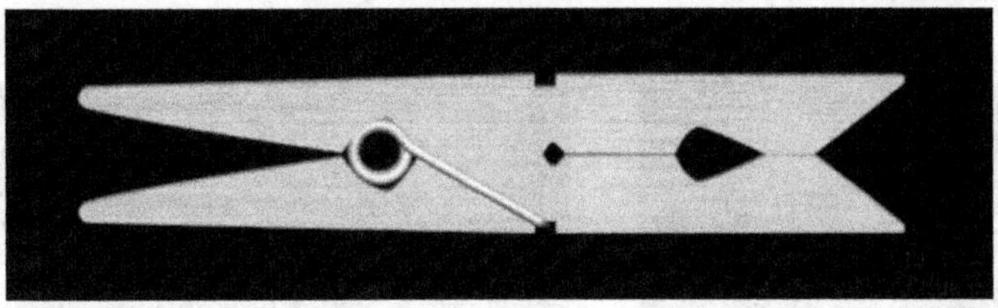

图 2-15　夹子效果图

■ 实例——制作杯子

1．Lathe（车削）修改器介绍

Lathe（车削）修改器是将二维截面通过旋转的方法生成三维实体，可以使用这一修改器来构建类似柱子、瓶子、酒杯、灯罩等三维实体模型。这是一个非常实用的工具，大多数中心放射的模型都可以用这种方法完成。它和 Extrude 一样，属于二维模型的修改器类型，不可以用在三维模型上。

2. 实际操练：制作杯子

（1）选择 Front 视图，按【Alt+B】组合键调出视口配置对话框，并选择杯子作为视口背景，如图 2–16 所示。

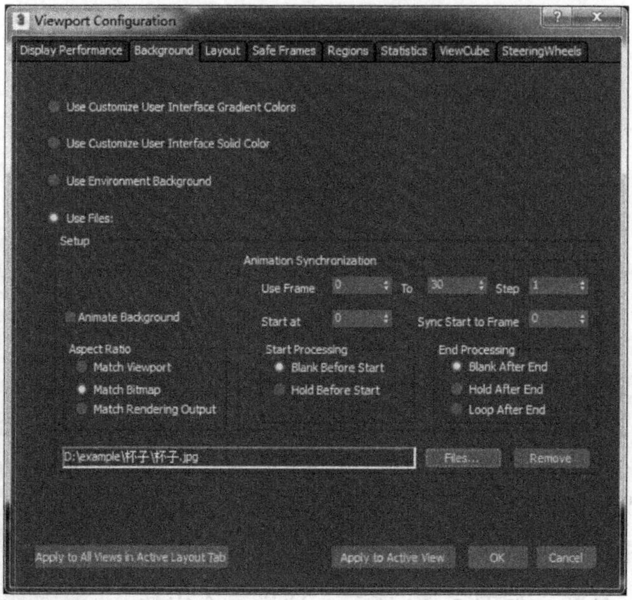

图 2–16　导入视口背景

（2）根据杯子形状绘出杯子的轮廓线，调节各个节点使其与原杯子吻合，如图 2–17 和图 2–18 所示。

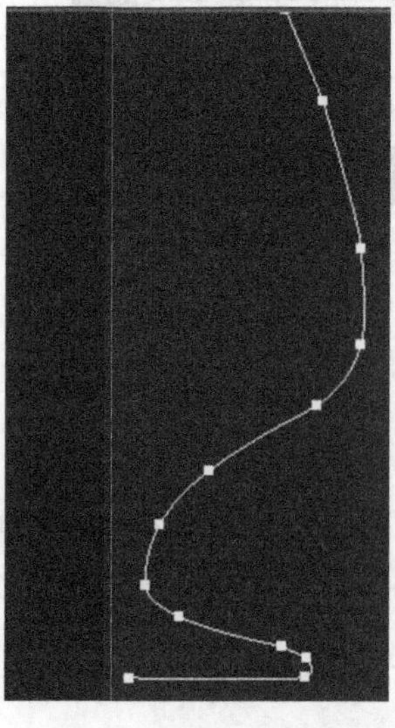

图 2–17　杯子的二维截面图

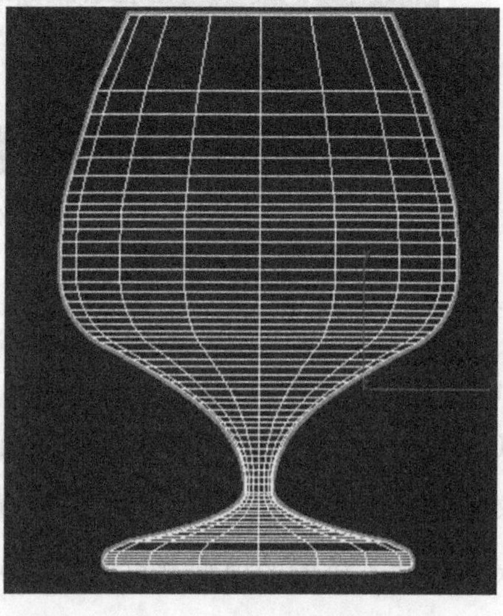

图 2–18　杯子原型

（3）进入 Modify 面板，在修改器下拉列表中选择 Lathe 修改器，设置 Lathe 修改器面板，如图 2-19 所示。其中，Degrees(角度)用于设置旋转的角度，默认情况下为 360.0。Lathe 得到的对象也有端面，Capping 区域的参数和 Extrude 修改器的 Capping 区域的参数功能类似。Direction(方向)用于选择旋转轴。Align(对齐)用于将旋转轴和对象的顶点对齐。对于本例，Align 选项中选择 Min(最小对齐)选项。这里的最小和最大都是相对于坐标轴来说的，一般来说，沿着轴向方向的最大，反向的最小。

提示

Lathe（车削）是使二维图形绕着与图形相关的某个坐标轴旋转，将二维图形转换成三维模型的建模方法。使用 Lathe（车削）的前提是准确地创建出模型的截面，并对该平面图形进行修改，进而形成三维物体的雏形。这是一个非常实用的修改器，可以用在大多数中心放射的模型上。

（4）如果想给杯子加厚度，可以添加 Shell（壳）修改器，设置合适的数值。最终效果如图 2-20 所示。

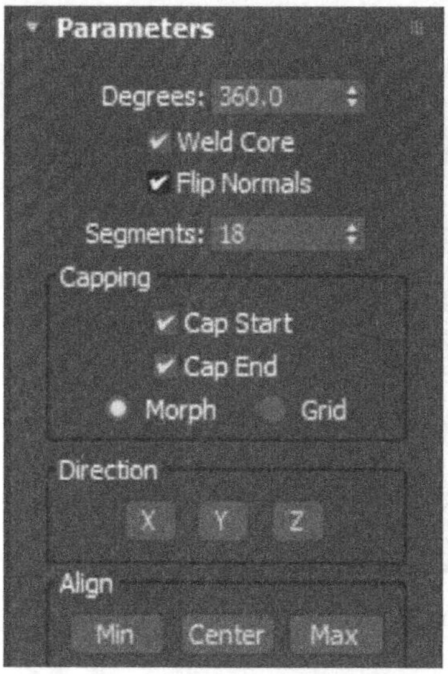

图 2-19　Lathe 参数设置

图 2-20　杯子效果图

2.2 基本几何体建模

基本几何体建模即运用基本几何体和扩展几何体迅速地搭建起一些简单的场景，就像建筑工地的一些基本建筑模块，例如砖、瓦等。

3ds Max 提供了丰富的三维内置模型，使用这些模型建模称为三维内置模型建模。单击 Create（创建）面板中的 Geometry（几何体），面板中默认出现 Standard Primitives（基本几何体），用户也可以在下拉菜单中看到 Extensive Primitives（扩展几何体），这些几何体可以快速地搭建一些简单的三维形体，再组合常用的修改器来创建复杂的模型。

2.2.1 基本几何体

基本几何体包括 Box（长方体）、Sphere（球体）、Cylinder（圆柱体）、Torus（圆环）、Teapot（茶壶）、TextPlus（加强型文本）、Cone（圆锥体）、GeoSphere（几何球体）、Tube（管状体）、Pyramid（四棱锥）、Plane（平面），如图 2-21 所示。一般创建基本几何体都有两种方法：一是通过鼠标创建；二是通过键盘参数创建。这里以 Box 为例重点讲解其创建方法及注意事项，其他几何体的操作类似。

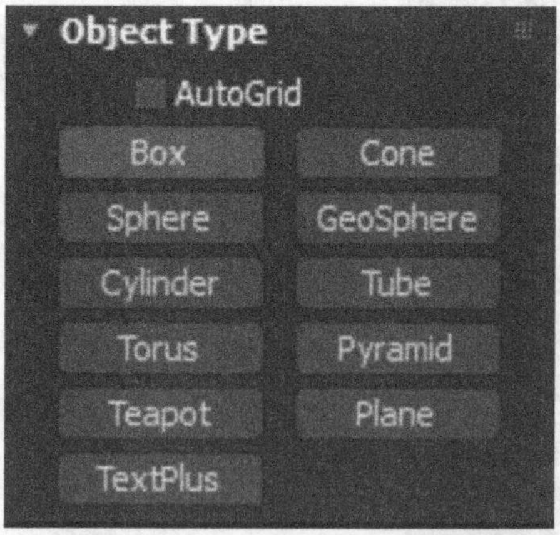

图 2-21　基本几何体面板

要创建 Box，可单击面板中的 Box 按钮，选择某个视图单击拉出 Box 的顶，然后放开鼠标左键继续往上或者往下移动鼠标，拉出高度，确定好高度后单击。Box 创建完成后，鼠标还是呈十字光标形，说明其仍旧处于创建状态，此时应右击结束建模。

第二种建模方法是用键盘输入的方法，单击面板中的 Box，在键盘输入 卷展栏中呈现了一些基本参数：X、Y、Z 指的是中心点的位置，Length（长度）、Width（宽度）、Height（高度）分别是长方体的三边长度。例如要在世界坐标轴中心点（0，0，0）的位置创建一个长 50、宽 40、高 30 的长方体，其参数如图 2-22 所示。此种建模方法可对参数进行控制，没有误差。下面介绍基本参数的设置。

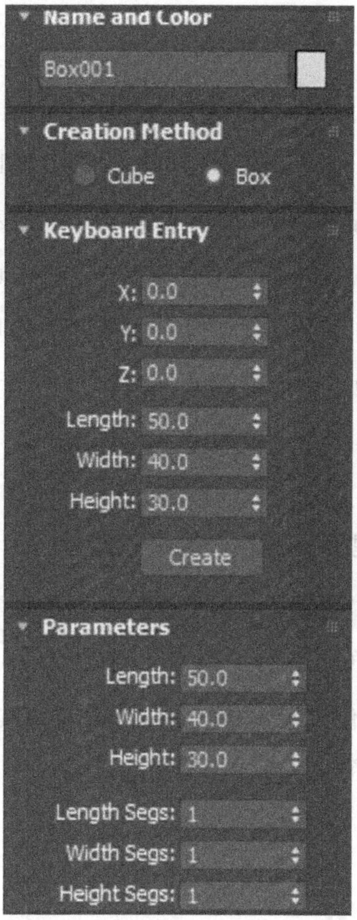

图 2-22　基本参数卷展栏

（1）Name and Color（名称与颜色）。该卷展栏设置对象的名称和颜色，建议初学者每创建一个模型都把名称改成与场景相关的名称，这样便于后期在大场景中查找。这里的颜色只影响到长方体的原始颜色，如后面还要再加材质，此颜色会被覆盖。

（2）Creation Method（创建方法）。创建方法分为两种：Cube（立方体）和 Box

(长方体)，长方体可以设置不同的长宽高。

(3) Keyboard Entry(键盘输入)。适用于键盘输入创建几何体。

(4) Parameters(参数)。这里可以设置几何体的长度、宽度和高度以及每条边的 Segments(分段数)。分段数越大，模型精度越高。如果只是建立一个长方体，分段数对其没有任何意义，但如果后期需要对该几何体进行修改，分段数就显得尤为重要。

2.2.2 拓展几何体

3ds Max 除了可以创建上述 11 种基本几何体外，还可以创建 13 种扩展几何体，包括 Hedra(多面体)、Chamfer Box(切角长方体)、Oil Tank(油罐)、Spindle(纺锤)、Gengon(球棱柱)、Ring Wave(环形波)、Prism(棱柱)、Torus Knot(环形结)、Chamfer Cyl(切角圆柱体)、Capsule(胶囊)、L-Ext、C-Ext、Hose(软管)。这些几何体是基本几何体的延伸，相对复杂，但建模方法和基本几何体一样。

在创建面板下拉菜单中还可以看到其他的扩展，例如门、窗、楼梯等，这些模型可以帮助用户快速搭建一些建筑模型。

2.2.3 基本几何体建模实例——简易书架

该简易书架采用基本长方体制作。在制作前头修改系统的单位，选择 Customize(自定义)>Units Setup(单位设置)命令，弹出如图 2-23 所示的对话框，单击 System Unit Setup(系统单位设置)按钮，弹出如图 2-24 所示的对话框，将一个单位设置为 1mm，并将显示单位也设置为 Millimeters。下面开始制作简易书架。

提示

单位设置：在 3ds Max 里很多地方都要用数值进行工作，默认情况下，使用 Generic Unit(一般单位)的度量单位制。用户可以根据实际情况将一般单位设定为符合场景需求的其他长度单位。例如，每个一般单位可以代表 1inch、1m、1cm 等。当一个项目里有多个场景组合时，要确保所有场景使用一致的单位。在后期的打光过程中，高级光照特性使用现实世界的尺寸进行计算，因此就要求建立模型与现实世界的尺寸一致。

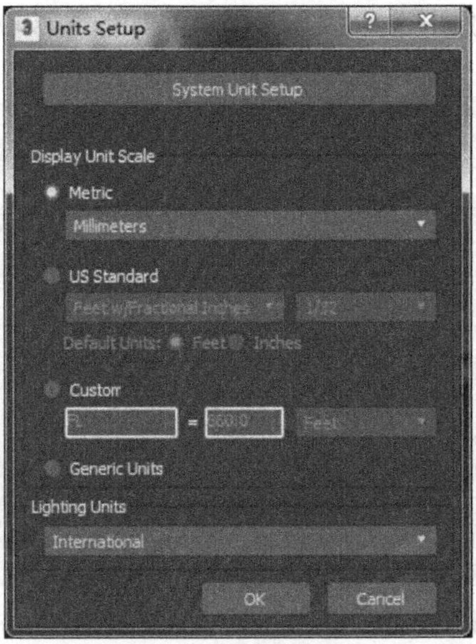

2-23　设置显示单位

图 2-24　设置系统单位

（1）参考简易书架的渲染文件，可以看出整个简易书架由左右两部分组成，只要做出一侧，即可镜像出另一侧。首先，在顶视图中创建一个如图 2-25 所示参数的长方体。

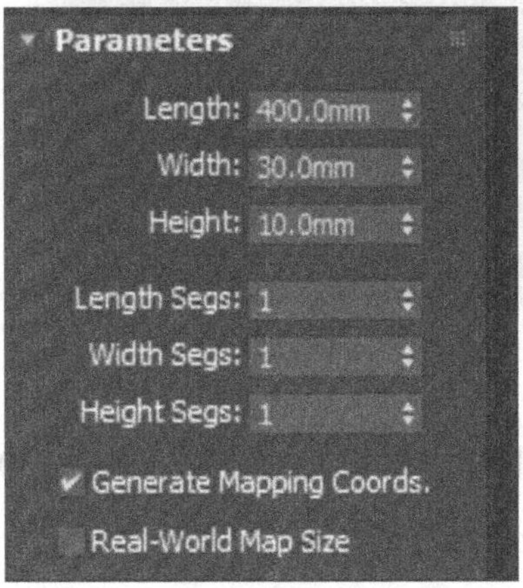

图 2-25　长方体的参数

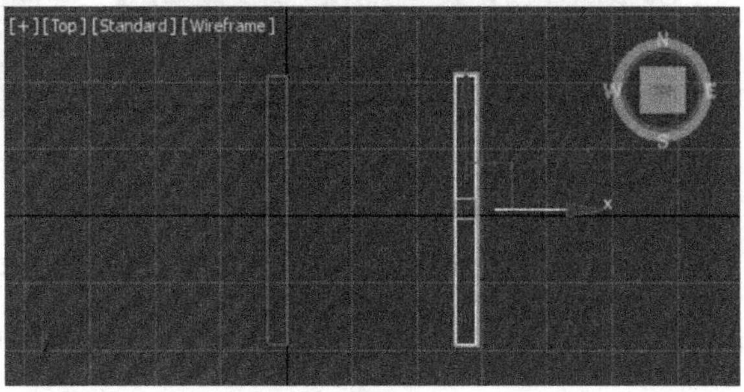

图 2-26　复制一个长方体

（2）按住【Shift】键，用鼠标左键拖动该长方体，复制出一份新的长方体，使之位于右侧，效果如图 2-26 所示。

（3）在左视图中创建一个长、宽、高分别为 10mm、35mm、200mm 的横挡（参数如图 2-27 所示），用对齐工具将其与刚建立的两个长方体对齐（设置如图 2-28

所示），并复制一份，对其进行对齐操作（参数如图 2-29 所示），效果如图 2-30 所示。

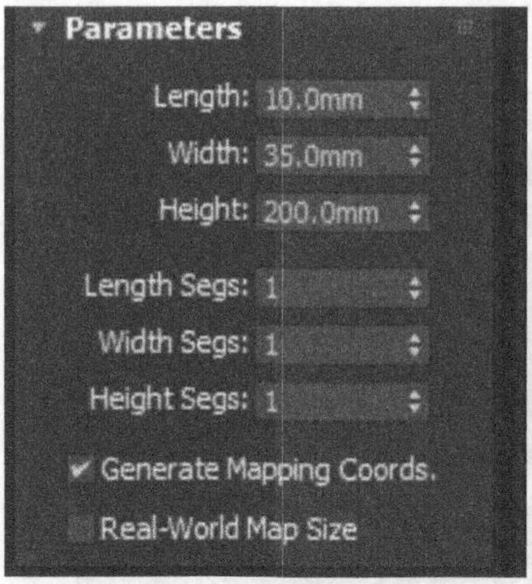

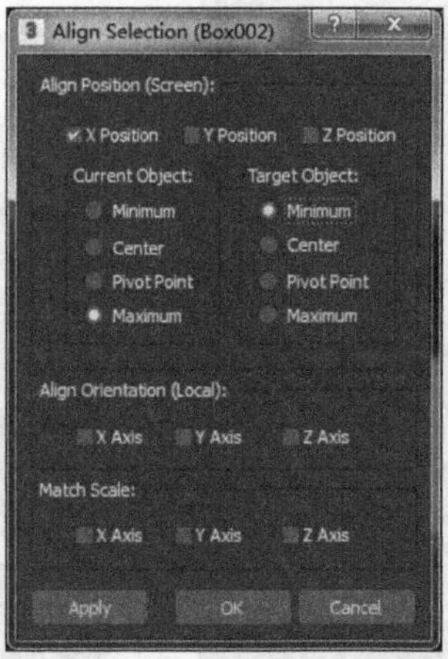

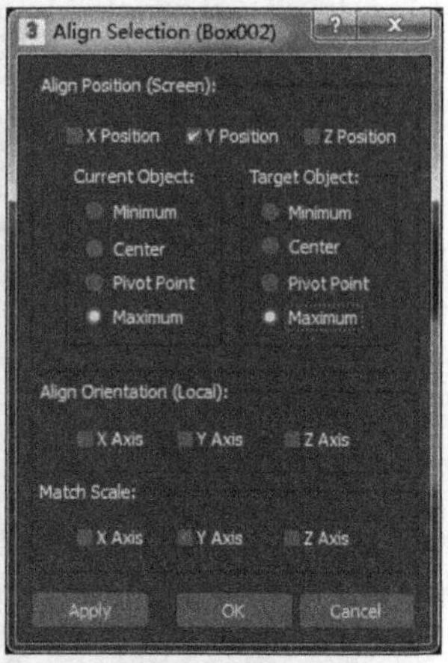

图 2-27 新建长方体横挡　图 2-28 上横挡的对齐操作　图 2-29 下横挡的对齐操作

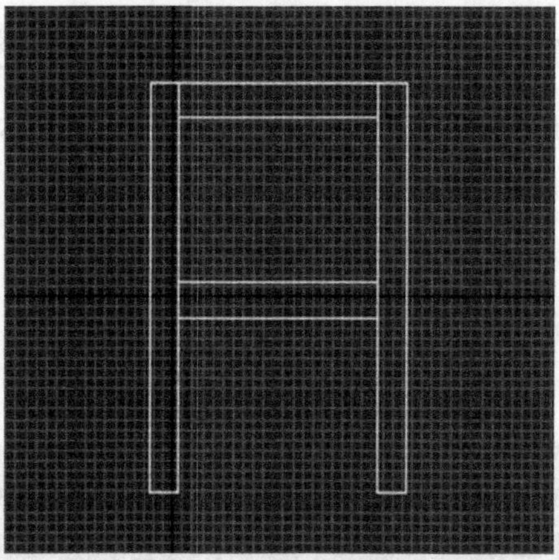

图 2-30 效果图

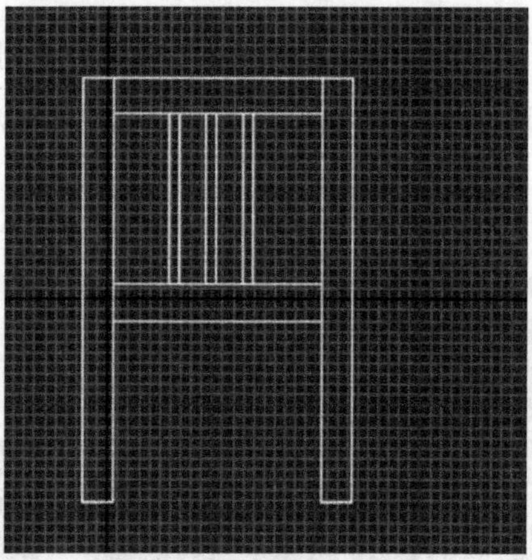

图 2-31 一侧效果图

（4）制作几根细节方面的长方体。在顶视图中制作一根长、宽、高分别是 160、10、10 的长方体，并使之对齐于横档，再复制两份，最终效果如图 2-31 所示。

（5）为了操作方便，全选所有的图形，选择 Group（组），使之编组。右击工具栏中的角度捕捉工具，设置角度为 10 度，如图 2-32 所示，并激活角度捕捉工具，旋转该组，使之与地面成 40 度角。

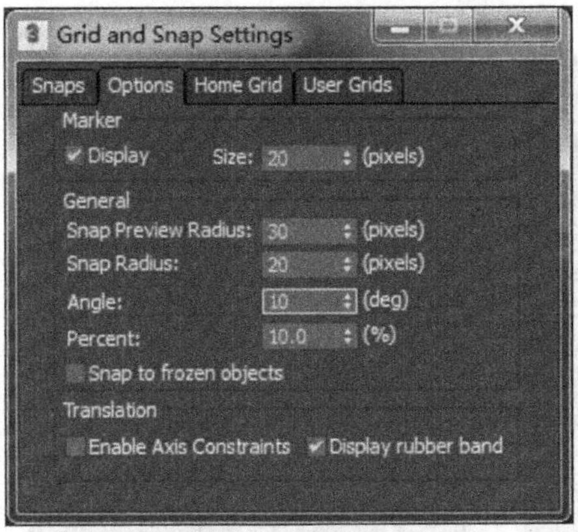

图 2-32　角度捕捉工具设置

图 2-33 最终效果图

（6）使用镜像工具，对一侧的书架作镜像处理，最终效果图如图 2-33 所示。

2.3　复合建模

复合几何体建模，即通过组合不同的单个几何体或二维几何体创建一个新的复杂的组合体模型，是一种非常高效的建模方式。常用的复合建模方法有 Boolean（布尔运算）与 Loft（放样）。

2.3.1　布尔运算

扫一扫，看视频

布尔运算可以根据几何体的空间位置对它们进行交集、差集或者联合运算，使之合并为一个物体。每个参与结合的对象被称为运算对象，通常参与运算的对象之间应该有相交的部分。3ds Max 里提供了两种布尔运算工具，包括布尔运算和 ProBoolean。后者是前者的升级版本，它们在功能和操作方式上完全相同，只是在运算结果上有所区别。下面以烟灰缸为例，看看布尔运算是怎么实现的。

（1）进入创建命令面板，单击选择 Geometry（几何体）> Standard Primitives（标准几何体）>Cone（圆锥体）命令，在顶视图中新建如图 2-34 所示的圆锥体。

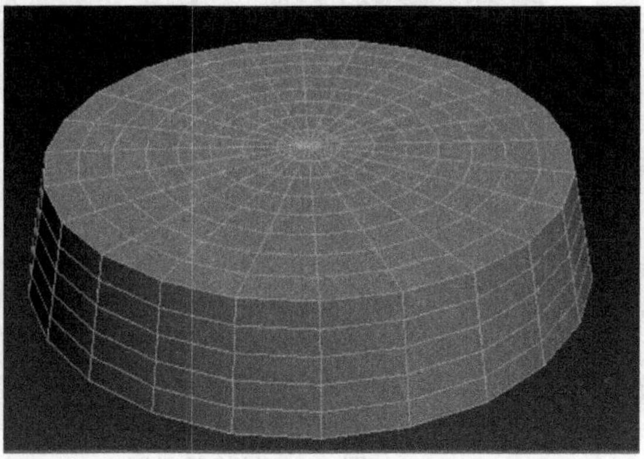

图 2-34 创建圆锥体

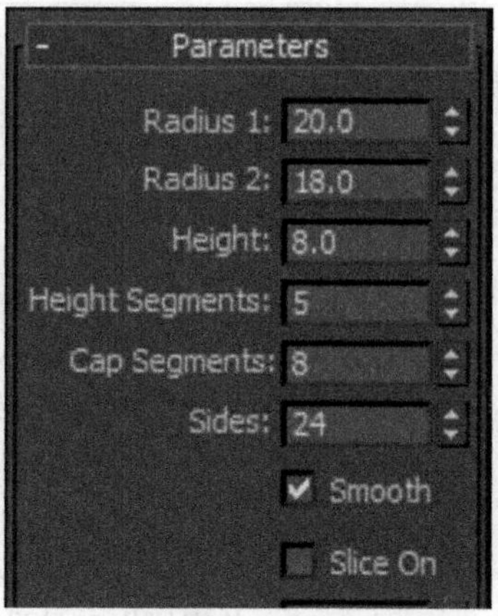

图 2-35 参数设置

（2）选择圆锥，进入修改命令面板，展开参数卷展栏，将上下半径分别改至 20、18，如图 2-35 所示。

（3）单击选择 Geometry(几何体)> Standard Primitives(标准几何体)>Cylinder(圆柱体）命令，在顶视图中新建另一个圆柱体，参数如图 2-36 所示。

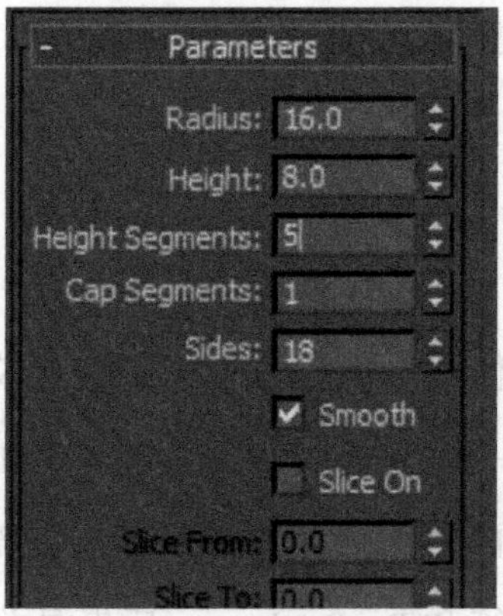

图 2-36 圆柱参数

（4）利用对齐工具将圆柱体与圆锥体进行中心对齐操作，如图 2-37 所示。并沿着 Y 轴向上移动圆柱，使圆柱体与圆锥体相交，并在圆柱底面与圆锥底面间留少许空间，如图 2-38 所示。

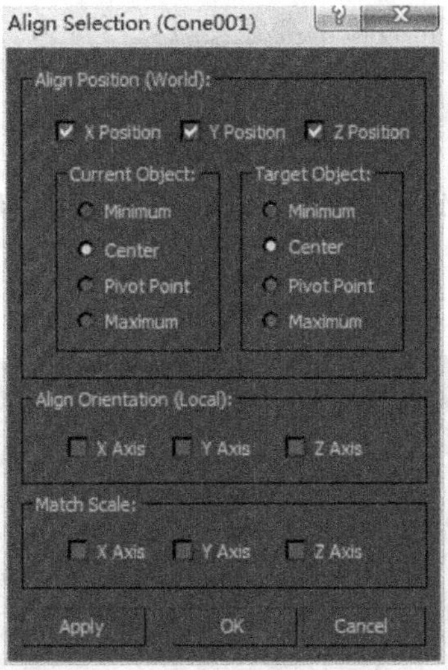

图 2-37 中心对齐设置

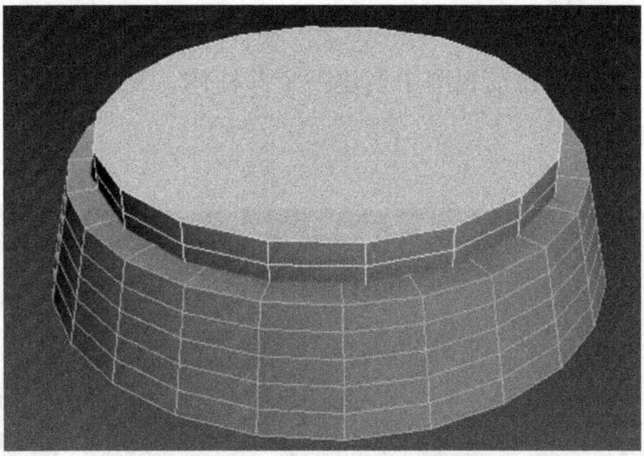

图 2-38 对齐操作后移动圆柱

（5）选择圆锥，单击选择 Geometry（几何体）>Compound Objects（复合对象）>Boolean（布尔运算）命令，进入布尔运算属性面板。此时已选择的圆锥体称为物体 A，单击 Pick Operand B（拾取物体 B）按钮，将鼠标指针移到圆柱体上单击，圆柱体本身、圆锥体与圆柱相交的部分被移除，得到如图 2-39 所示的模型。

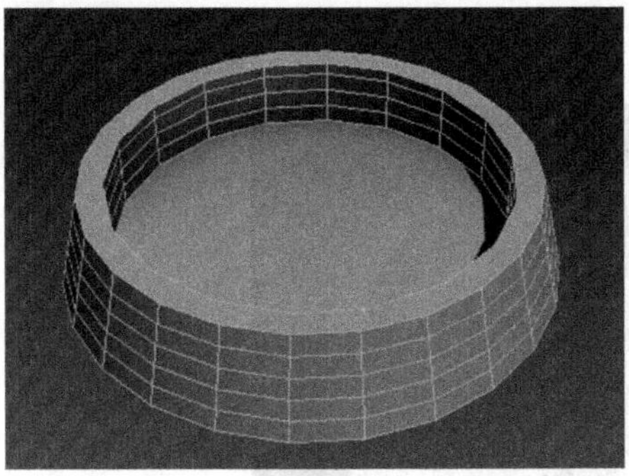

图 2-39 布尔运算后的圆锥

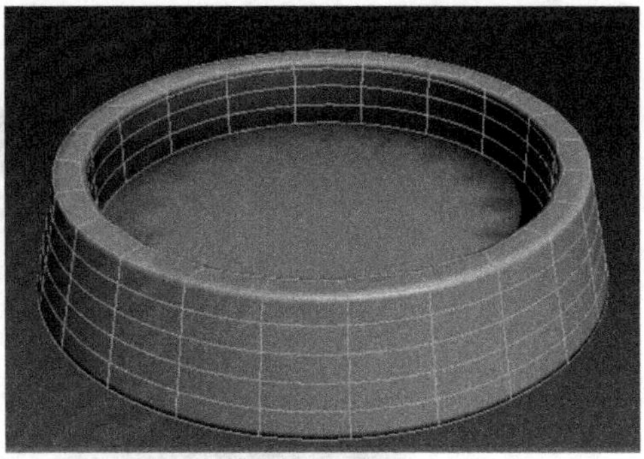

图 2-40 添加 Turbsmooth 后的效果

（6）选中模型，进入修改命令面板，为其添加 Turbsmooth（涡轮平滑），默认系统设置，其效果如图 2-40 所示。

提示

对模型进行的平滑操作主要有三种：光滑组、网格平滑、涡轮平滑。光滑组是通过处理面之间的光照信息来达到光滑效果；网格平滑和涡轮平滑都是通过增加面，把面分得更细腻来表达曲度。涡轮平滑是网格平滑的升级版，平滑效果更加细腻。

（7）在前视图中创建一个圆柱体，复制两个圆柱体并调整到如图 2-41 所示的位置。

图 2-41　新建圆柱体

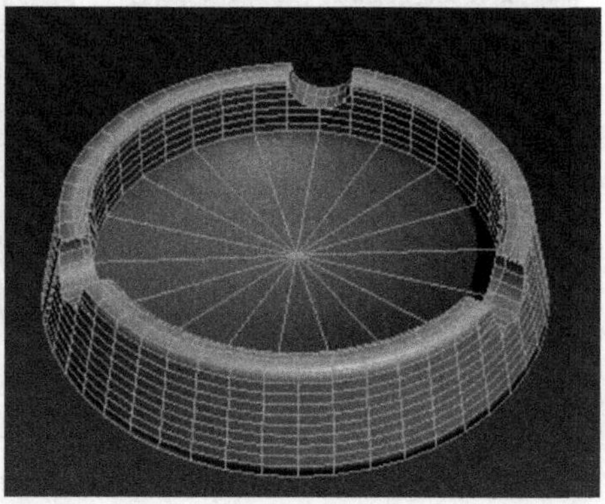

图 2-42　三次布尔运算后的效果图

（8）选择模型，选择 ProBoolean（超级布尔）对烟灰缸重复三次布尔运算，最终效果图如图 2-42 所示。在此基础上，新建一圆柱体作为香烟，最终成品如图 2-43 所示。

图 2-43　成品图

2.3.2　放样

放样建模是由两个或者更多的图形放样结合而成的建模方法，其中一个图形作为路径，其他图形作为剖面即横截面，3ds Max

扫一扫，看视频

会在各剖面间以自动插补的方式创造出完整的三维模型。即其中一个造型作为物体的核心，其他造型用来定义物体外围的开关，这就是 Loft(放样)。下面以牙膏筒为例，探讨放样的过程。

（1）进入创建命令面板，单击选择 Geometry(几何体)/ Shapes（图形）/ Circle(圆形）命令，在左视图绘制一个圆形，设置半径为 20，如图 2-44 所示。

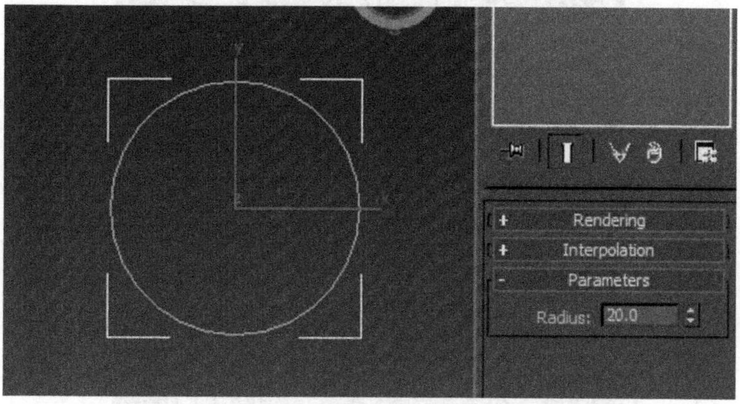

图 2-44　新建圆形

（2）在左视图中右击使其成为当前视图，然后进入创建命令面板，单击选择 Geometry（几何体）/ Shapes（图形）/ Line（直线）命令，运用 Keyboard Entry（键盘输入）创建路径。在（0，0，0）的位置单击 Add Point（添加点）按钮添加一个顶点，在（0，100，0）处新建另一个顶点，最后单击 Finish（完成）按钮完成线段的绘制，效果如图 2-45 所示。

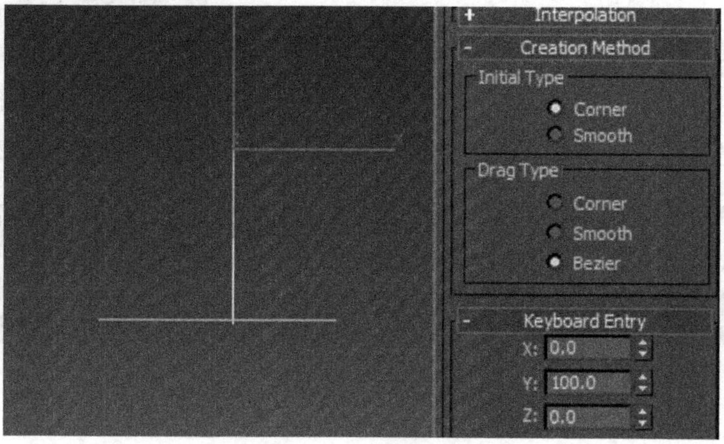

图 2-45　创建路径

（3）保持刚才绘制的路径线段处于选择状态，在 Geometry（几何体）面板中展开下拉列表框，选择 Compound Objects（复合对象）选项，单击该面板中的 Loft（放样）按钮，以左视图中的圆形为放样截面进行放样操作，效果如图 2-46 所示。

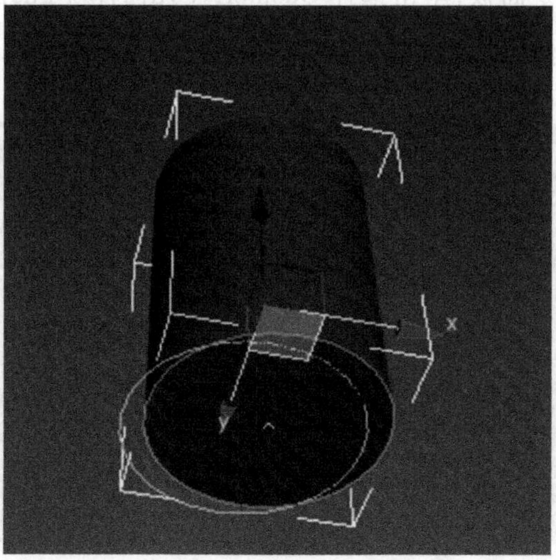

图 2-46　放样后的形体

（4）由于牙膏的造型是渐变的，所以要对基本造型进行修改。切换至 Modify（修改）面板，展开 Deformations（变形）卷展栏中的 Scale（缩放）按钮，此时将弹出 Scale Deformation（缩放变形）窗口，在曲线 X 轴 12% 和 16% 的位置上插入两个顶点，并改变 12% 处顶点的 Y 轴坐标，效果如图 2-47 所示。

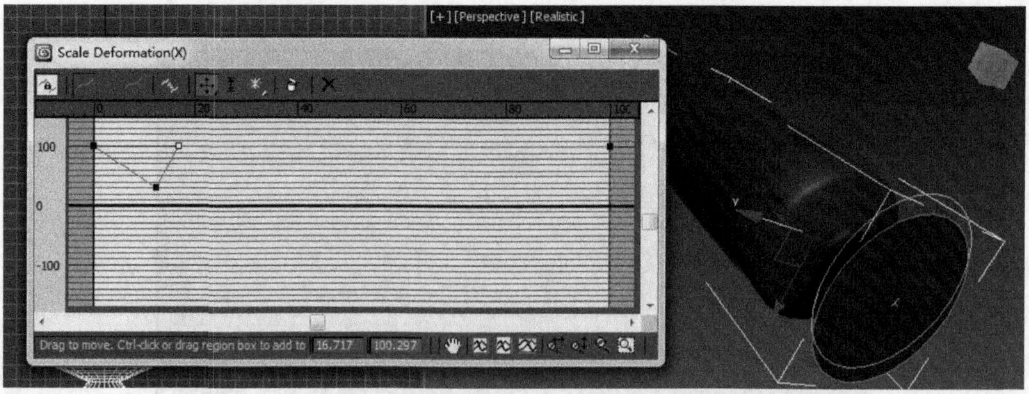

图 2-47　缩放变形

（5）选择曲线上首端的顶点，改变顶点的 Y 轴坐标，使牙膏顶部缩小，如图 2-48

所示。

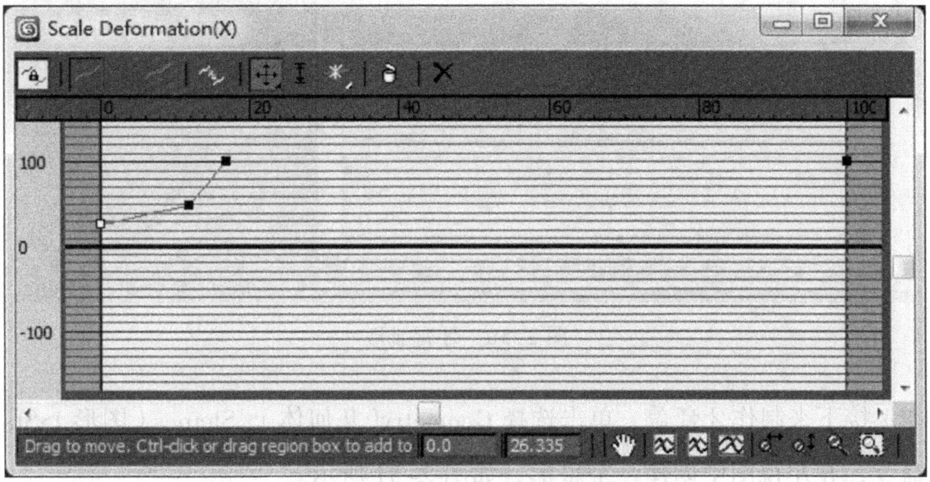

图 2-48 改变顶点缩放比例

（6）单击缩放变形窗口中的 Make Symmetrical（均衡）按钮取消坐标轴的锁定状态，选中曲线末端的顶点，改变其位置，如图 2-49 所示。

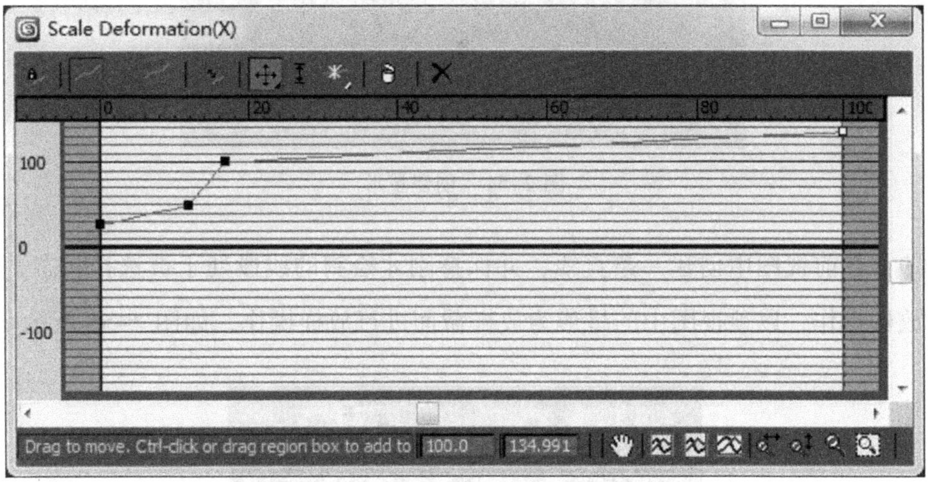

图 2-49 改变尾部缩放比例

（7）在缩放变形窗口中单击 Display Y Axis（显示 Y 轴）按钮，同样选中曲线末端顶点，改变其缩放比例，并展开 Skin Parameters（蒙皮参数）卷展栏，必要的情况下修改路径参数，这样就制作出牙膏被压扁的造型了，如图 2-50 所示。

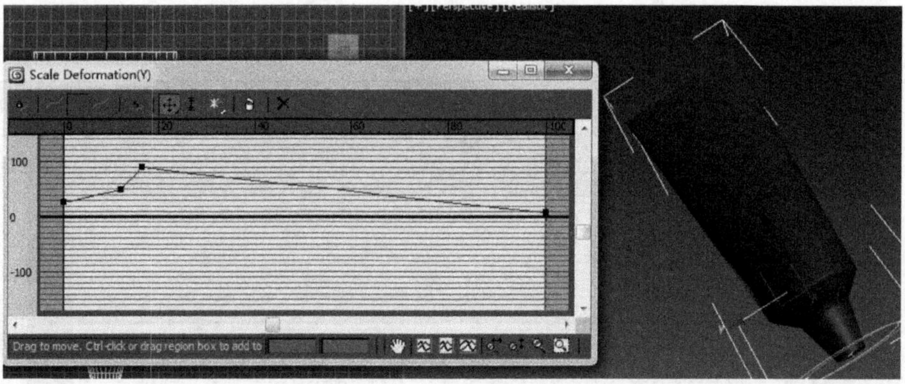

图 2-50　牙膏雏形

（8）接下来制作牙膏盖。单击选择 Geometry(几何体)> Shapes (图形)>Star(星形) 命令，在左视图中创建一个星形，如图 2-51 所示。

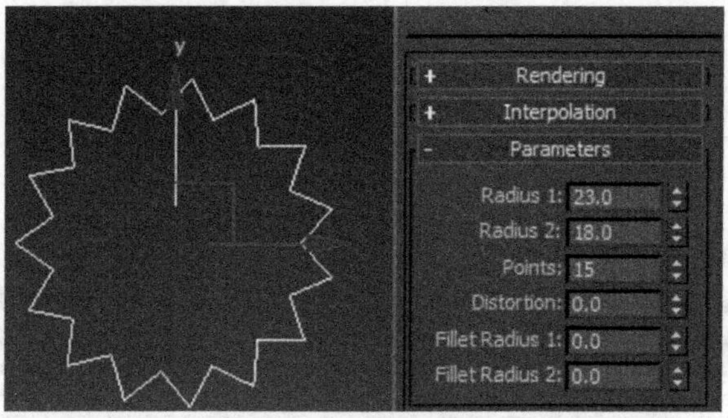

图 2-51　创建星形

（9）在前视图中创建一条直线，并保持刚才绘制的线段处于被选择状态，然后进行放样操作，以顶视图中的星形为放样截面进行放样操作，如图 2-52 所示。

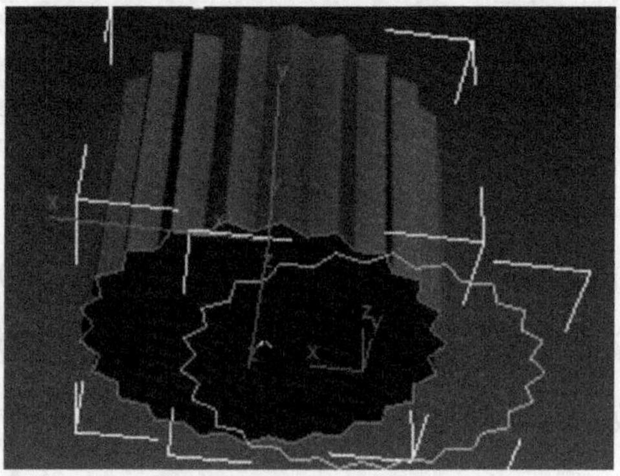

图 2-52　牙膏盖放样

（10）进入修改命令面板，在修改命令面板中选择“FFD 3x3x3”，进行调节，如图 2-53 所示。

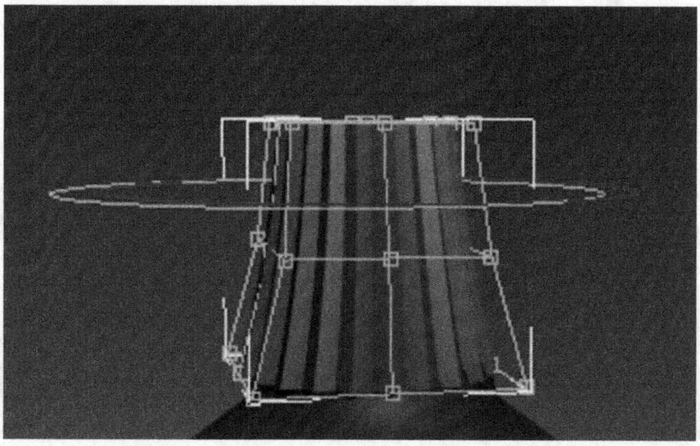

图 2-53　FFD 变形

（11）打开材质编辑器，选择一个样本实例球，给“漫反射颜色”指定图中所示的图片，将制作好的材质赋予牙膏，渲染后的最终效果如图 2-54 所示。

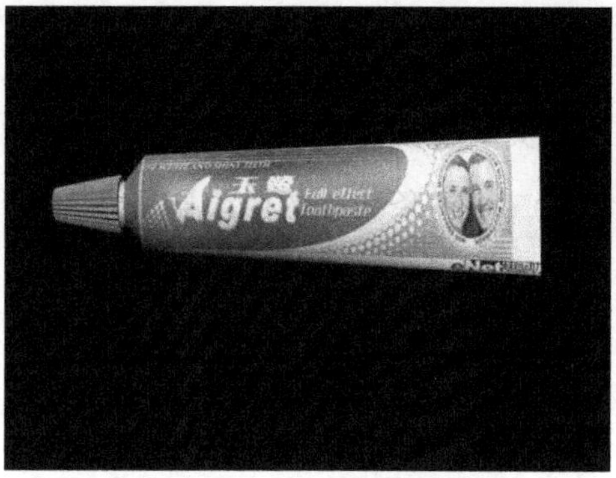

图 2-54　牙膏成品效果图

2.4　课堂练习

在第 1 章练习的基础上增加一些场景元素，例如风车、小房子、秋千等，让场景更丰满、更有故事性。各种场景道具都是由基本几何体、复合建模、二维建模完成，这里不涉及贴图、灯光等。效果如图 2-55 所示。

图 2-55　综合案例

2.5 思考题

（1）二维图形建模有哪些用途？请举例说明。

（2）二维样条线的节点类型包括哪几种？

（3）举例说明经常用在二维样条线上的修改器。

（4）什么是布尔运算和放样？分别用在哪些场合？

第3章
高级建模

本章学习目标

■ 掌握多边形建模的基本原理

■ 掌握多边形建模过程中的一些基本方法

■ 了解面片建模的基本方法

■ 了解多边形建模、面片建模等的适用场合

3.1 多边形建模

多边形建模（Polygon 建模）是最为传统和经典的一种建模方法，其原理有点类似于雕刻过程。多边形建模也是从最基本的几何体开始（例如一个简单的 Box 物体），通过塑造与雕刻形成粗坯，慢慢地接近并得到最终成果。多边形建模将多边形划分为四边形或三边形的面，和编辑网格非常类似，只是在算法上比编辑网格更加优秀。目前，多边形建模被广泛地应用于游戏、建筑建模等领域。

多边形建模的优势在于，它的操作非常灵活，可以让初始者一边做一边修改。另外，对于模型的面数控制非常灵活，在细节多的地方给予更多的网格，在细节少的地方细分得少一些，从而可做到稀疏得当；与其他高级建模方法相比，多边形建模的效率也相对较高。这就使得多边形建模成为当前最为主流的操作方法。

当然，多边形建模也有自身的缺点。多边形建模需要较多的面来呈现细节，随着细节的增加，对计算机性能的要求也会越来越高，从而导致运行速度降低。因此，多边形建模最大的挑战是在于给予适合的面数，即要求用户具有把握模型结构的能力及布线的能力。在一些游戏场景建模等场合，也可以采用诸如贴图等方法使低精度的模型呈现高精度模型的特点。

3.1.1 创建多边形对象

多边形建模建立在基本几何体建模基础之上。与网格建模方法相比，多边形建模将面的次对象定义为多边形，无论被编辑的面有多少条边界，都被定义为一个独立的面。这样，多边形建模在对面的次对象进行编辑时，可以将任何面定义为一个独立的次对象进行编辑，而不需要将所有的面转换成三角形面来处理。另外，在多边形建模中，可以较容易地对多边形对象进行光滑和细化处理，从而使得多边形建模成为创建低精度模型时首选的建模方法。

1. 创建多边形对象的方法

创建多边形有几种办法。

（1）选择某一模型，右击执行 Convert To（置换）Convert To Editable Poly（转换为可编辑多边形）命令，如图 3-1 所示。

（2）选择某一模型，在修改器面板中右击选择 Editable Poly（可编辑的多边形），从而将该模型塌陷为可编辑多边形。

（3）选择对象后，进入修改命令面板，从修改器列表中选择 Edit Poly（编辑多边形）修改器，为对象添加编辑多边形修改器，如图 3-2 所示。也可以在此基础上，再在修改器堆栈中执行塌陷全部命令，可将所选择的对象塌陷为多边形对象。

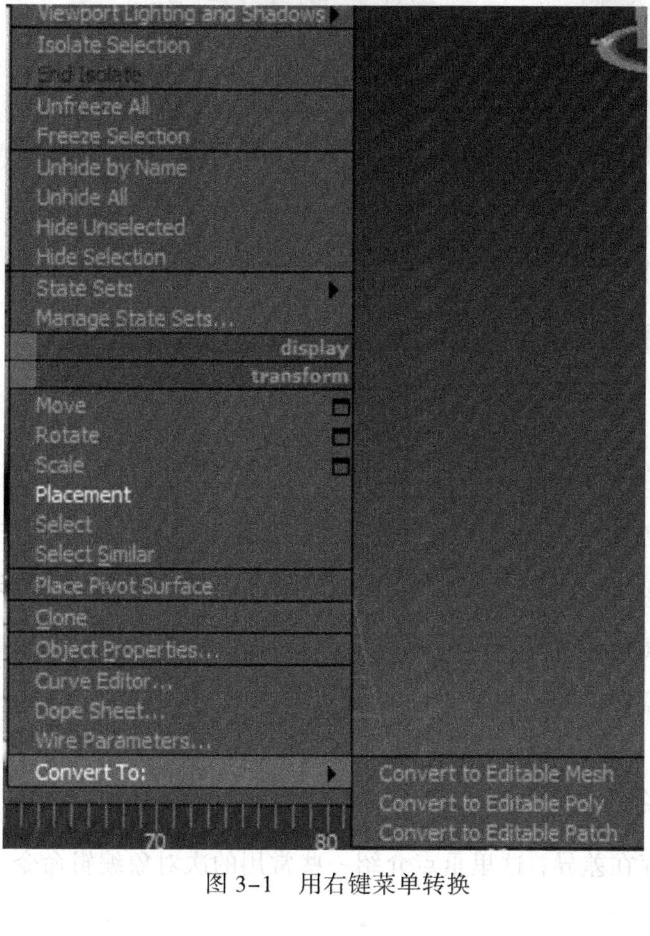

图 3-1　用右键菜单转换

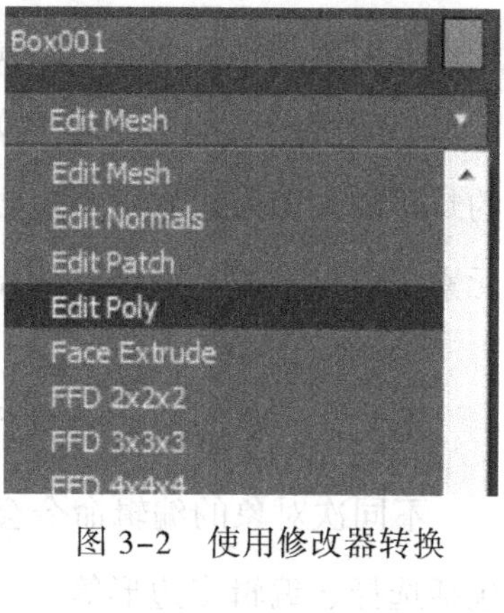

图 3-2　使用修改器转换

提示

建模时，在修改器命令面板中添加的修改命令越多模型越复杂，3ds Max 运行会越慢。因此，在建模完成时就执行塌陷的操作很有必要。

◆ 优点：简化模型，使 3ds Max 运行起来更快；否则，后期统一塌陷时 Max

会根据历史记录依次计算，速度极慢。塌陷还可以保护建模师的劳动成果。

◆ 缺点：塌陷后就不能再改变原二维图形和三维几何体的原始参数了。

2. 多边形的次对象

多边形的次对象共有五种，分别为 Vertex（顶点）、Edge（边）、Border（边界）、Polygon（多边形）、Element（元素），图 3-3 是五种元素被选择时的状态。

图 3-3 多边形的次对象被选择时的状态

顶点是一个单独的点，它包含了该点在三维空间中的 X、Y、Z 坐标位置信息，是多边形最基本的元素。边是连接两点的样条线。边界为一条完整的环，通常存在于对象表现的孔洞边缘（例如茶嘴内侧），如果删掉一个多边形，则包围该多边形的封闭的边即为边界。多边形是由四个点或边围成的面，也可以是边数多于 5 的面。元素是由点、线、面组成的完整独立的曲面。

3.1.2 多边形的公共命令

不同次对象的编辑命令会存在差异，这里重点介绍一些常用的次对象编辑命令，包括选择、编辑多边形等。

1. Selection（选择）卷展栏

选择某个物体，将其转换成可编辑多边形后，即可以在修改命令面板中看到所有的子对象，如图 3-4 所示。其中是不同子级别的切换，不同子级别能激活的命令也是不一样的。

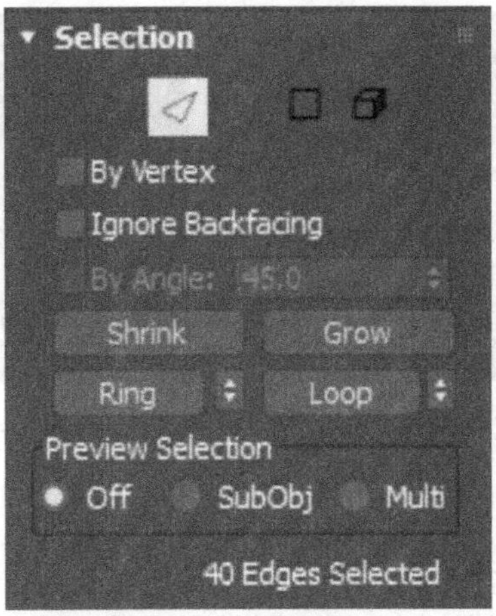

图 3-4 选择卷展栏

（1）By Vertex（按顶点）：启用该选项，只有选用所共用的顶点，才能选择子对象。单击某个顶点，将选择所有共用该顶点的子对象。

（2）Ignore Backfacing（忽略背面）：启用该复选框，在选择对象时，将不会影响到模型背面的子对象。

（3）By Angle（按角度）：只在多边形级别起作用，当与选择的面所成角度在后面输入框中所设的阈值范围内，这些面会被同时选中。

（4）Shrink（收缩）、Grow（扩大）、Ring（环形）、Loop（循环）：是四个加强选择的功能按钮。Shrink 和 Grow 是收缩和扩张选择区域，如图 3-5 所示；Ring 能选中与当前所选边平行的边，如图 3-6 所示，此功能仅限于边与边界级别中；Loop 为选中可以与当前选择的部分构成一个循环的子物体，也仅用于边与边界级别中，如图 3-7 所示。

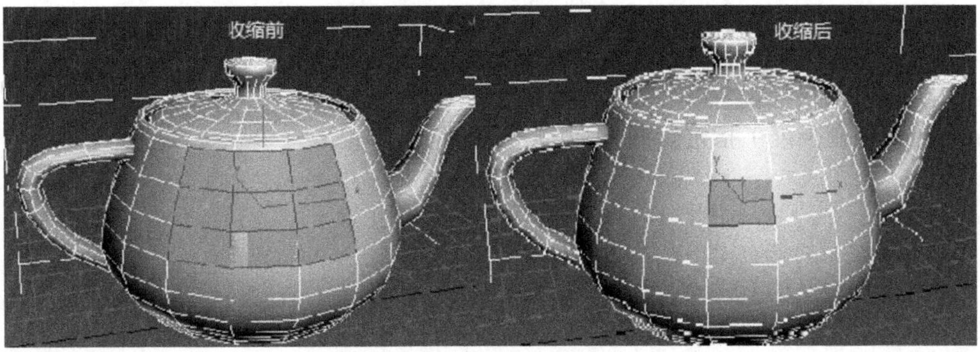

图 3-5 收缩前和收缩后的对比图

图 3-6 Ring 选择效果

图 3-7 Loop 选择效果

2. Soft Selection（软选择）卷展栏

软选择可以将当前选择的范围向四周扩散，离选择点越近的地方受影响程度越强，越远的地方受影响程度越弱。被选中的对象显示为红色，其作用力由红色到蓝色逐渐减弱。

（1）Use Soft Selection（应用软选择）：这是软选择的开关，只有将它勾选软选择才会起作用。Edge Distance（边距）可以用边数来限定软选择的范围；Affect Backfacing（影响背面）可以设置其作用力对背面是否产生影响，默认为勾选状态。

（2）Fall off（衰减）、Pinch（收缩）和 Bubble（膨胀）：三个数值能调节软选择衰减范围的形态。Fall off 为衰减范围的数值大小；Pinch 和 Bubble 值调节衰减范围的局部效果，例如衰减将越来越慢还是越来越快，或是由慢到快还是由快到慢。

（3）Paint Soft Selection（绘制软选择）：可以直接在物体上绘制出软选择的区域。其方法是在多边形平面上按自己的意图绘制图案，再将这些区域向上移动一定距离，加上一级细分，就可以得到如图 3-8 所示的效果。Paint（绘制）可以对物体直接进行绘制；Blur（模糊）可对绘制好的区域进行柔化处理；Revert（复原）可以用笔刷抹除绘制好的区域。Select Value（选择值）可控制作用力的范围，值越大绘制出的区域所受的作用力就越大；Bush Size（笔刷大小）指定绘制笔刷的尺寸；Brush Strength（笔刷强度）指定绘制的强度。

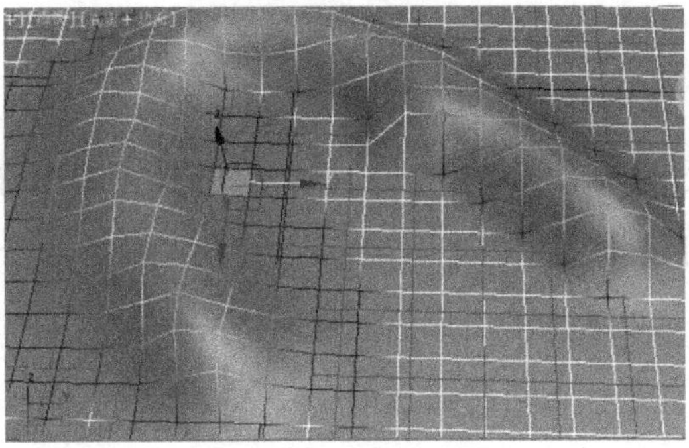

图 3-8 软选择示意图

3. Edit Geometry（编辑几何体）

该卷展栏包含对点、边、边界、多边形等各个级别的编辑命令，不过有些命令是有子层级限制的，这里仅对有些会被经常用到的命令作详细解释。

（1）Repeat Last（重复上次操作）：可以重复上次进行的操作，例如，刚对一个多边形进行了挤压操作，此时选择另外一个多边形，单击此按钮，那么刚才应用的操作就会被应用在这个多边形上。

（2）Constraints（约束）：组具有约束的功能（默认情况下是没有约束的）。约束有三项：一种是沿着 edge（边）方向进行移动；另一种是沿着当前子物体所属的 face（面）进行移动；还有一种是沿着 Normal 方向（法线方向）进行移动。

（3）Preserve UVs（保持 UV）：复选框可以锁定 UV，保持正确的贴图效果。三维模型在 Unwrap UVW 展好 UV 后，转换为可编辑多边形，再勾选此选项，能够保证展好的 UV 不会发生紊乱现象。

（4）Create（创建）：可以创建点、线、面等子物体。在点级别下，可以创建点，但这些点是孤立的点，与当前物体没有直接的联系；在边级别下，可以创建边线，但只能连接现有面上两个不相邻的点来创建边；在多边形级别下或者退出子层级后，可以将孤立的点连接成面，注意要逆时针拾取节点，否则面会是反向的。

（5）Collapse（塌陷）：仅用于点、线、边界和面层级中。该功能可以将多个子物体塌陷为一个子物体，塌陷的位置在原选择集的中心。

（6）Attach（附加）和 Detach（分离）：是一对功能相反的操作。Attach 可以将其他物体合并到当前物体中，使之成为多边形模型中的一个元素，同时该元素也继承了多边形模型的所有属性和可编辑性；Detach 则可以将选中的子物体从当前三维模型中分离出去。

（7）Slice Plane(切片平面)、Slice(切片)、QuickSlice(快速切割)和Cut(切割)：是一组切割工具，通过对现有三维模型进行切割划分，创建出符合需求的点、线、面。

（8）MSmooth(网格平滑)和Tessellate（细化）：是两个细分命令，前者即Meshsmooth，后者则可以增加多边形的局部网格密度。

Make Planar（创建平面）可将所选的子物体变换到一个平面上。

4. Edit Vertices（编辑顶点）

该卷展栏只在点级别出现。Remove（移除）可以删除一些不必要的点；Break（断开）使闭合的一个点变为断开的几个点；Extrude（挤出）可以将一个或者多个点分解出与其连接的边数目相同的点，再上下移动鼠标会挤压出一个锥形的开关；Weld（焊接）可以对在阈值范围内的点和边进行焊接，右侧的小按钮可以设置焊接阈值；相对于Weld这个命令，Target Weld（目标焊接）更常用一些，它的作用是直接将一个点拉到另一个点上（在设定的阈值范围内）完成焊接操作，操作相对简单；Chamfer（导角）相当于使用挤出操作时只左右移动鼠标将点分解的效果；Connect（连接）可以在一对已选择的在一个面内但不相邻的节点之间创建出新的边。

5. Edit Edge（编辑边）

该卷展栏只在边子级别中出现，下面重点介绍几个重要的命令。

（1）Insert Vertices（插入点）：能在边上新建节点。

（2）Remove（删除）：可以删除不需要的边。在多边形编辑中，有两种删除状态：一种是删除了一些点、边时，包含这些元素的面都会同时消失，即产生一个洞，这种删除只需要使用【Delete】键即可完成；另一种是只删除不需要的点、边，包含这些点、边的面不消失，而是会将基础转移至邻近的点上，所以不会产生空洞，其方法就是使用Remove命令。

（3）Split（分离）：和Break的功能很像，它可以将一条边分解为两条边，但在选择时需要选择两条连续的线段执行分离后才会出现打断的效果。

（4）Extrude（挤出）：与点级别相同，不再赘述。Chamfer（切角）可以将选定的线段分解成两个线段。Weld（焊接）和Target Weld（目标焊接）也与点级别的操作类似。

（5）Bridge（桥）：可以将两条边连接起来，这个功能与边界、多边形面级别中的操作是一样的。

（6）Connect（连接）：可以在选定的每对边之间创建新的边，创建的新边的数量可以通过参数控制。

6. Edit Borders（编辑边界）

该卷展栏在边界级别中出现，边界有很多，一般来说，一边只有一侧连着面，那么它就是一段边界。大部分的命令与边级别中的操作非常类似，这里不再赘述。只有 Cap（封口）比较特殊，它可以将所选择的闭合的边界进行封盖。

7. Edit Polygon（编辑多边形）

面级别是非常重要的一个子级别，这个卷展栏只在面子级别才会出现，里面分布着很多非常重要的功能命令。

（1）Insert Vertex（插入点）：可以在面上插入点，并能将该点与该面上所有的其他点进行连接。

（2）Extrude（挤出）：是该级别中非常常用的一个命令，它有三种类型：Group，以选择的面的法线方向进行挤出；Local Normal，以选择的面的自身的法线方向进行挤出；By Polygon，将每个面沿自身法线方向进行挤出操作。Bevel（倒角）可以在挤出面的基础上增加倒角效果，操作方法和挤出类似。

（3）Outline（轮廓线）：可以将选定的面按设定的量进行缩小或者放大，或者用鼠标进行操作。

（4）Insert（插入）：可以在当前的面中插入一个没有高度的面。它有两种插入方式：一种是根据 Group（组）坐标进行插入；另一种是根据单个面自身的坐标进行插入。

（5）Bridge（桥）的操作和边级别中的 Bridge（桥）一样。

（6）Hinge From Edge（从边旋转）和 Extrude Along Spline（沿样条线挤出）：是 Extrude（挤出）的增强版。前者可以在旋转角度、段数、中心线段等参数的控制下拉伸出圆弧状的形体；后者则可以以某条样条线为路径，挤出面的同时，对该面进行缩放及扭曲操作，从而更精细地控制挤出。

8. Edit Element（编辑元素）

该卷展栏的命令相对较少。Edit Triangulation（编辑三角面）可使元素以三角面的形式显示出来，三角面的连线是以虚线表示的；Retriangulate（重划分三角面）可将选中元素中的多边面（超过四边形的面）自动以最好的方式进行划分；Turn（转换）也是改变三角面走向的工具，它的操作是选中该按钮，直接单击三角面的连线，该连线就会改变走向。

9. Polygon: Material IDs（多边形材质 ID）

该卷展栏可以设置每个多边形面的材质 ID 号，在后期的材质贴图中非常有用。

3.1.3 多边形建模案例

多边形建模基本都是从一些基本的几何体着手，下面以椅子为例介绍简单的多边形建模该如何操作。

1. 椅腿建模

首先，用切角长方体生成椅腿模型。

（1）进入创建命令面板，单击 Geometry（几何体）> Standard Primitives（标准几何体）>Plane（平面）按钮，在 Top 视图中创建如图 3-9 所示的平面模型，它将作为地面物体存在于场景中。

扫一扫，看视频

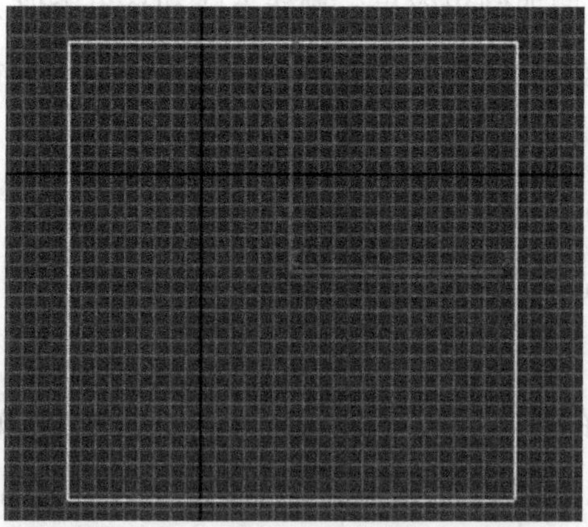

图 3-9 地面模型

（2）进入创建命令面板，单击 Geometry（几何体）> Extended Primitives（扩

展几何体）ChamferBox（切角长方体）按钮，在顶视图中参照图 3-10 修改命令面板中的各项参数完成切角长方体的创建。

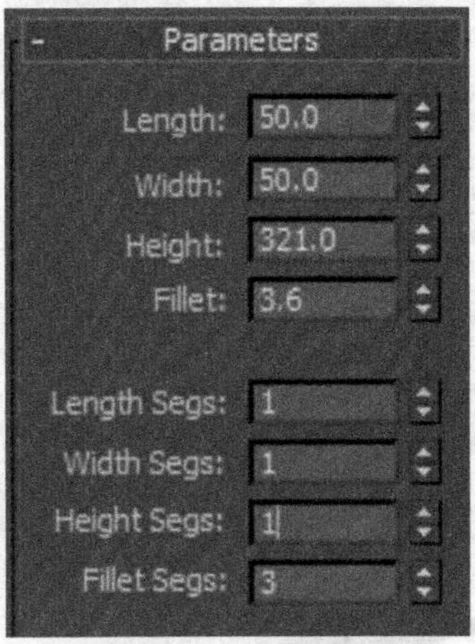

图 3-10 切角长方体

（3）单击工具栏中的 Select and Move(选择并移动)命令按钮，对在场景中创建的切角长方体进行复制操作，新复制出来的切角长方体的位置如图 3-11 所示，它们将作为椅子的前腿模型。

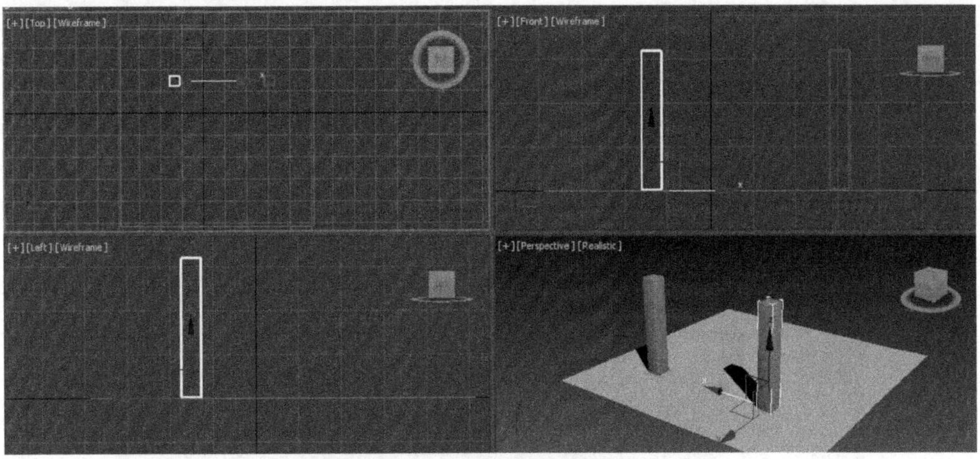

图 3-11 椅子的前腿模型

（4）继续在场景中创建导角长方体，作为椅子模型前腿的横梁模型。参照图 3-12 修改命令面板中各项参数来完成横梁模型的创建。具体的参数可根据实际模型修改。

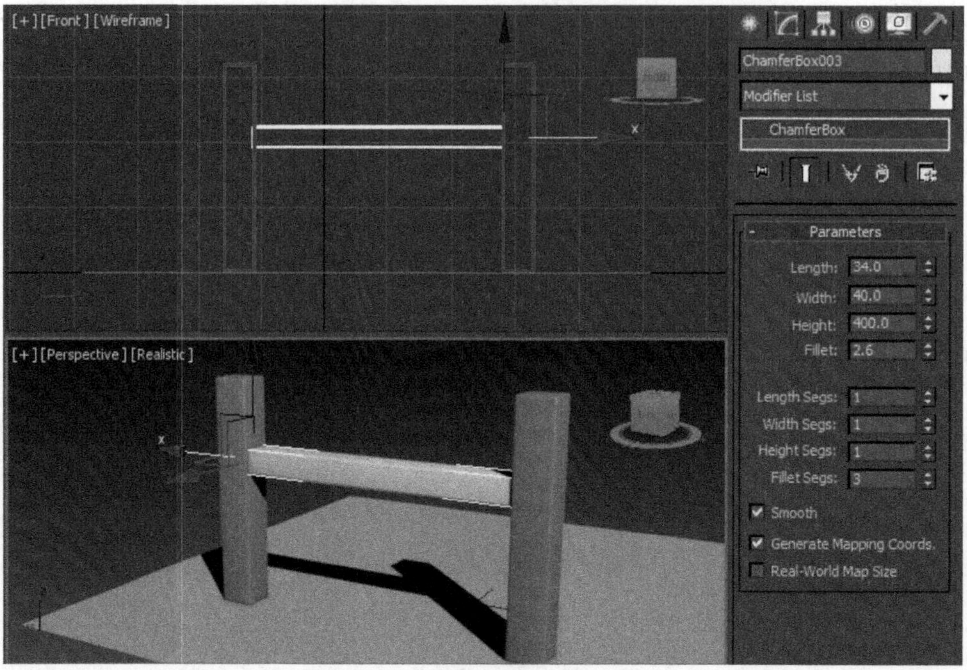

图 3-12　创建前腿横梁模型

（5）单击工具栏中的 Select and Rotate(选择并旋转)命令按钮，对横梁模型进行旋转复制操作。将新复制出来的导角长方体移动到如图 3-13 所示的位置。

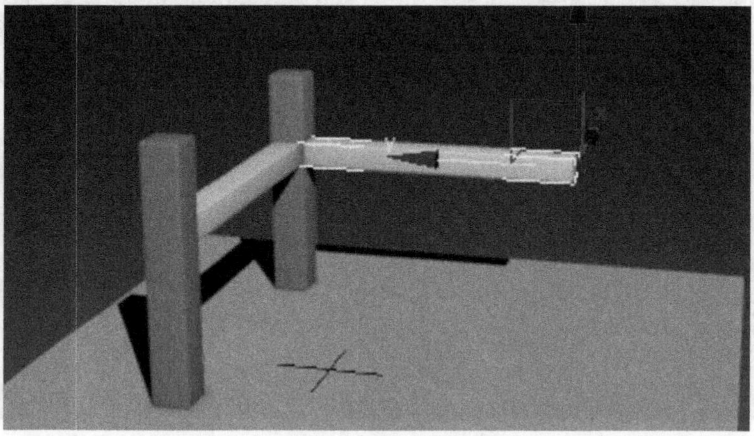

图 3-13　复制横梁

（6）确定新复制出来的切角长方体为选择状态，进入修改命令面板，参照图 3-14 中的各项参数完成椅子底座横梁模型的表面段数调整。

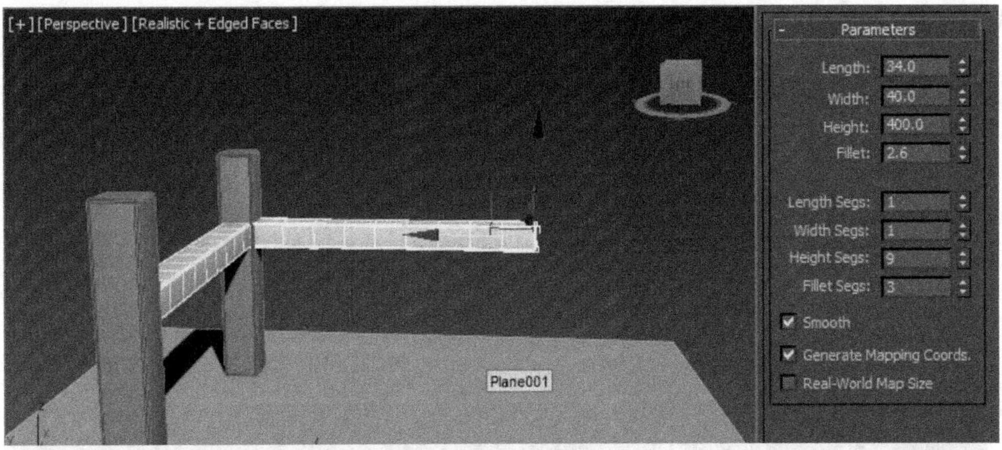

图 3-14 调整段数

2. 生成底座及其他部分

接下来，完成底座的生成。在场景中绘制一条弧线，如图 3-15 所示，它将作为底座的横梁模型的调整参考线。在下面的步骤中我们将根据弧线的弯曲程度对底座横梁模型的外形进行调整。

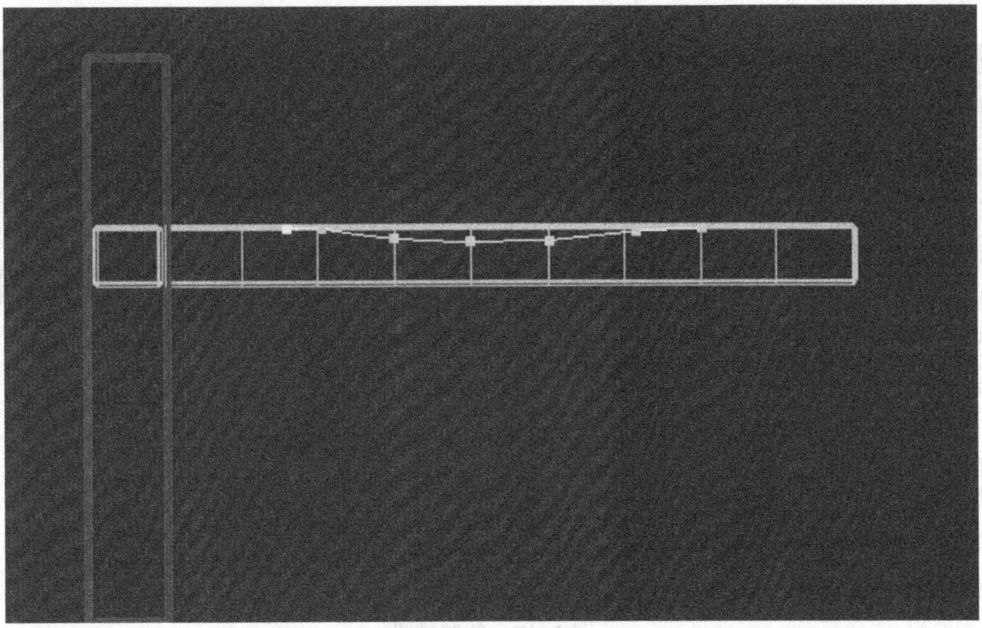

图 3-15 绘制参考线

（1）将底座的横梁模型转变为可编辑多边形。进入 Vertex（点级别）编辑模式，参照弧线对切角长方体表面上的顶点进行移动操作，如图 3–16 所示。

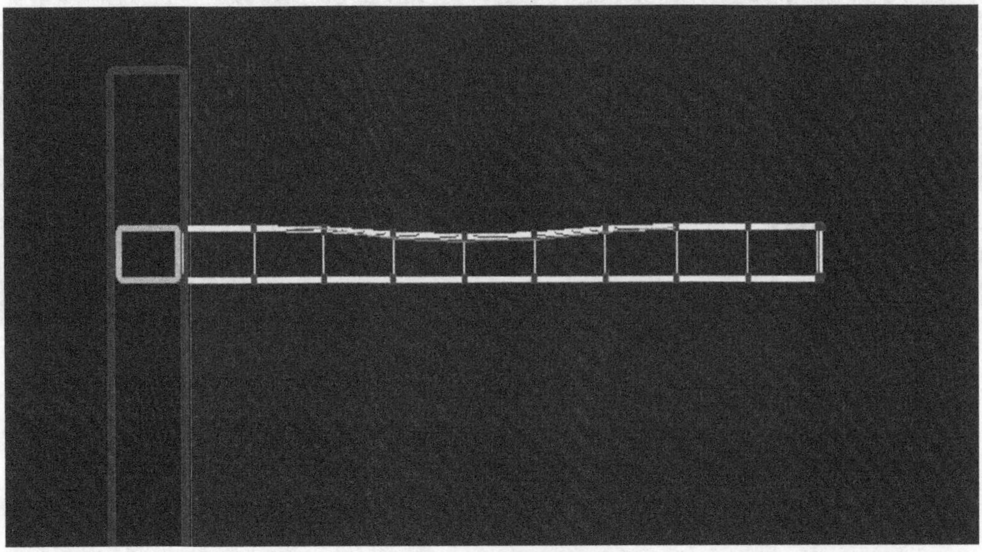

图 3–16　修改点级别

（2）对调整后的椅子底座横梁模型进行移动复制操作，如图 3–17 所示。

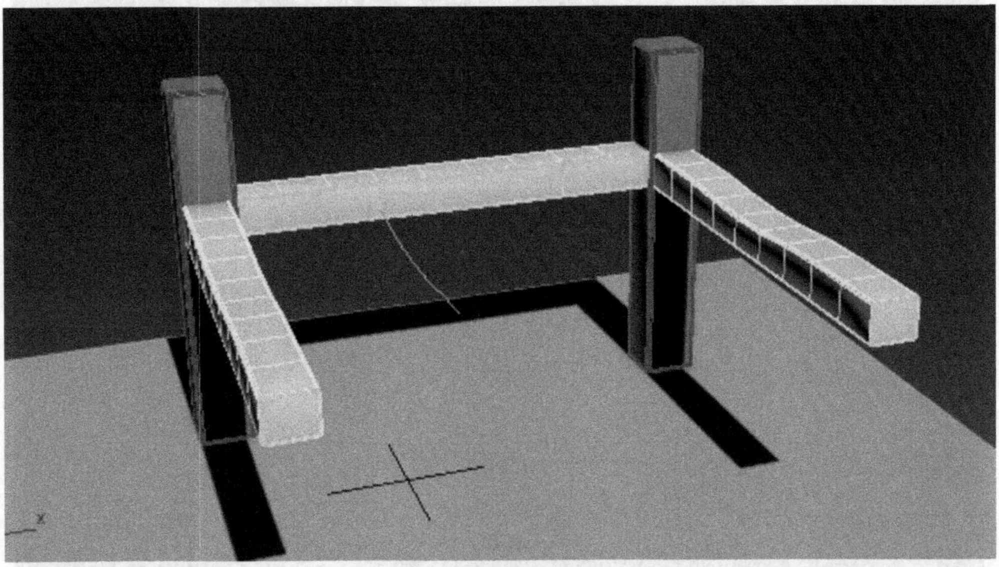

图 3–17　复制横梁

（3）继续在场景中创建导角长方体，作为椅子模型底座横梁上的挡板，如图 3–18 所示。

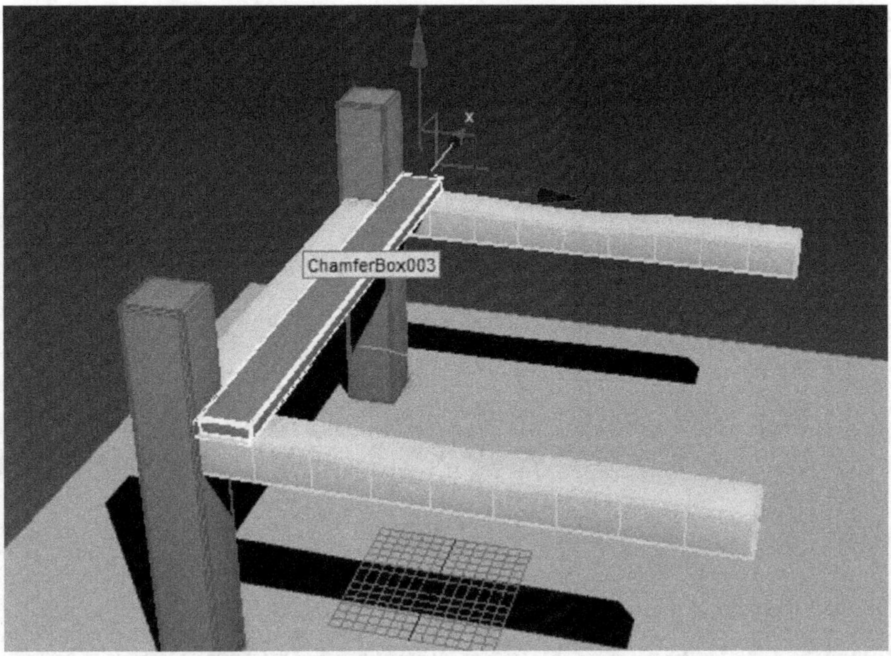

图 3-18　添加挡板

（4）在 Left（左）视图中对单个挡板模型进行移动复制操作，在复制对话框中设置复制的数量为 5，并调整其方向，如图 3-19 所示。

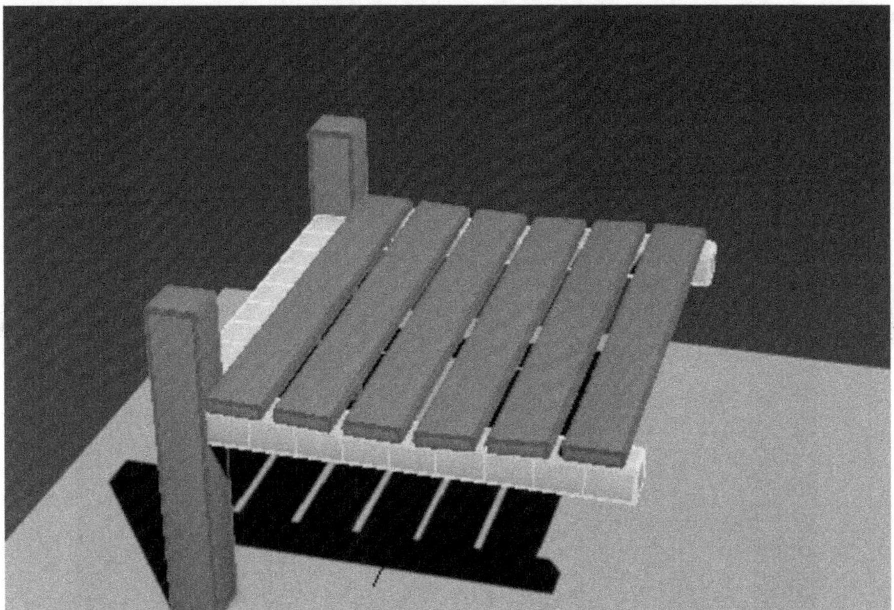

图 3-19　复制挡板

（5）单击工具栏中的 Select and Rotate（选择并旋转）命令按钮，对复制出来的挡板模型进行旋转操作，并配合移动命令将它们放置于底座的横梁模型的上面，如图 3-20 所示。

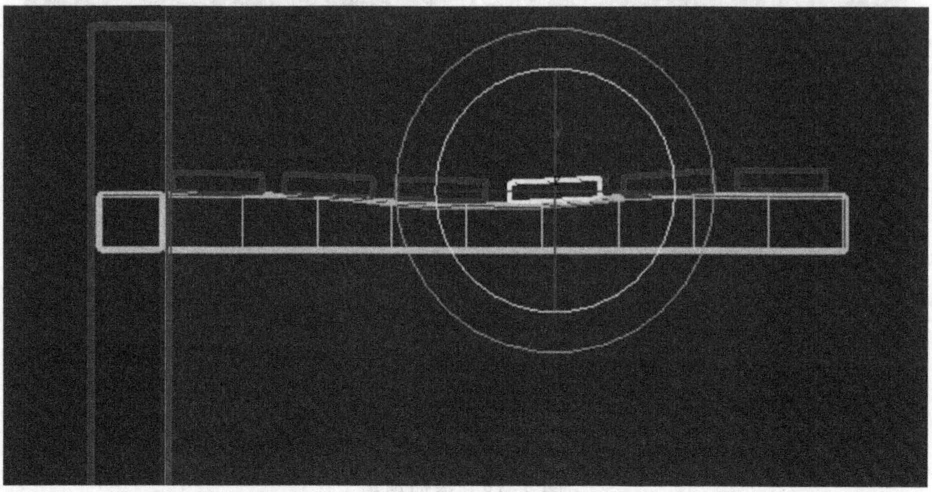

图 3-20 调整方位

（6）制作椅子的后腿模型。单击 Create(创建)>Shapes（图形）>Line（线）按钮，在 Front(前)视图中参照图 3-21 中的曲线样式绘制一条封闭的后腿模型轮廓线，并进入到点级别进行调整，使得后腿模型轮廓线的顶端呈现圆角效果。

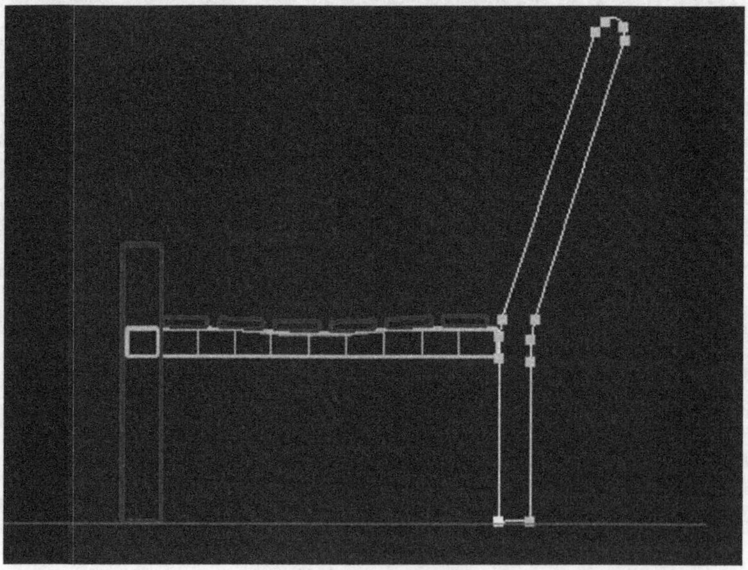

图 3-21 绘制椅子后腿

（7）确定该曲线为被选择状态，为其添加 Extrude（挤出）命令，准备将后腿模型的轮廓线转变为三维实体模型，并给予其一定的厚度，如图 3-22 所示。

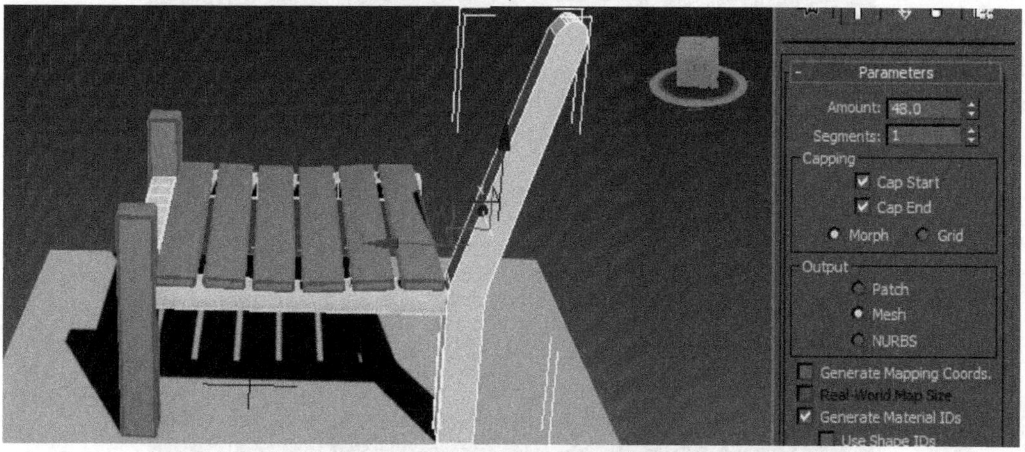

图 3-22　添加 Extrude 修改命令

（8）复制椅子的后腿模型，最终的操作结果如图 3-23 所示。

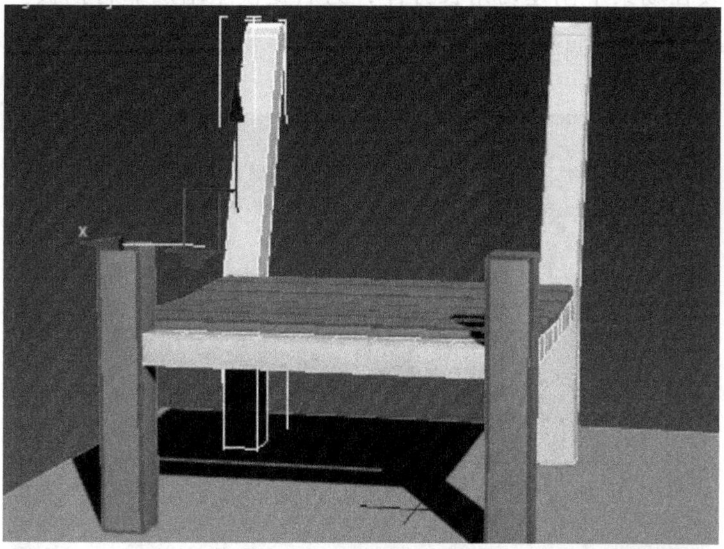

图 3-23　复制后腿

（9）继续在场景中创建倒角长方体，制作椅子后腿模型的横梁。新的切角长方体模型在左视图中创建，在前视图中调整位置，并通过旋转工具调整它的角度，使它与椅子的后腿模型相匹配，如图 3-24 所示。

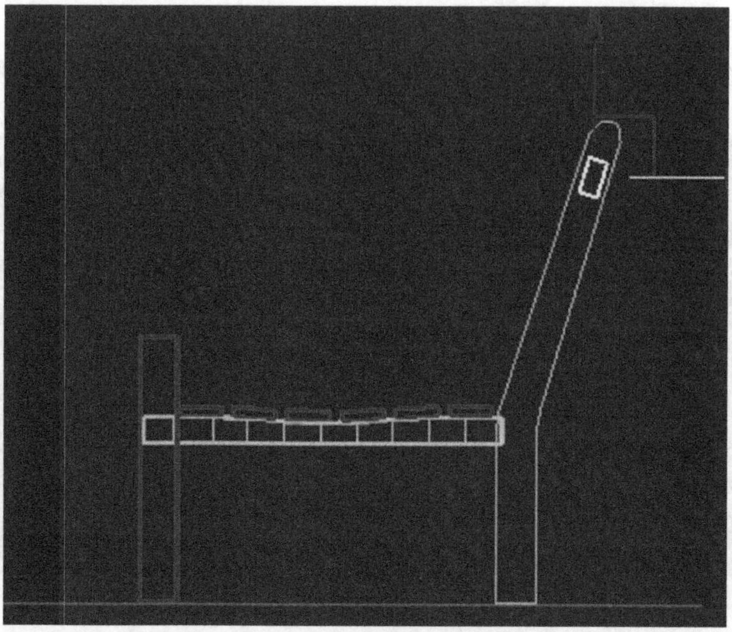

图 3-24　创建后腿模型的横梁

（10）继续在场景中创建切角长方体，为后腿模型增加靠背挡板。在 Front 视图及 Left 视图中进行位置调整，如图 3-25 所示。

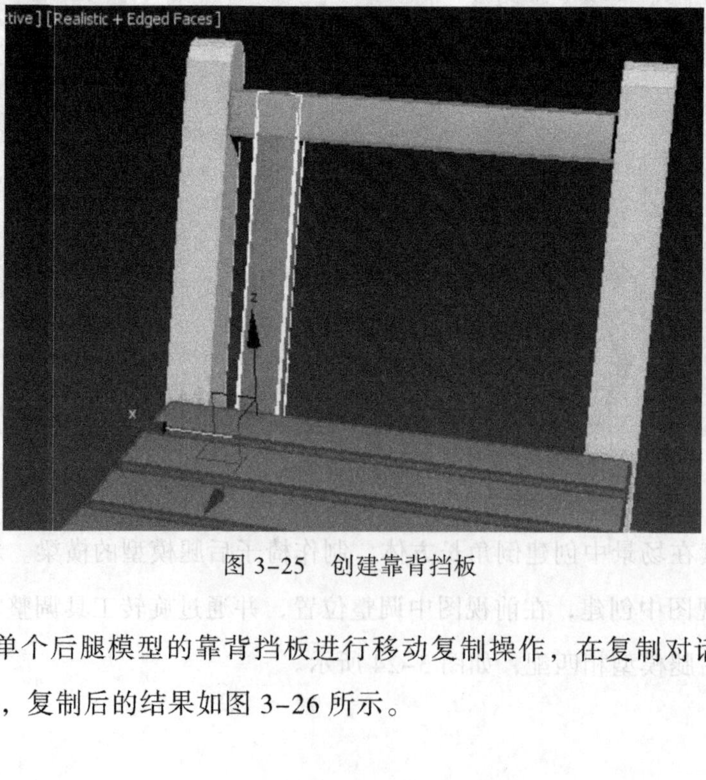

图 3-25　创建靠背挡板

（11）对单个后腿模型的靠背挡板进行移动复制操作，在复制对话框中设置复制的数量为 4，复制后的结果如图 3-26 所示。

图 3–26　复制靠背挡板

（12）接下来创建扶手。利用导角长方体在前视图中创建一个扶手，调整到相应的位置，做一些细节上的处理，使后部更狭窄一点，如图 3–27 所示。

图 3–27　创建扶手

（13）贴图后的最终效果如图 3–28 所示。

图 3–28 椅子效果图

3.2 曲面建模

3.2.1 曲面建模原理

Surface 曲面建模是一种以样条线框架为基础的表面建模方式。Surface 曲面建模一般有两种方法：一种是先通过二维曲线空间架构出物体横截面的样条曲线，结合 Cross Section 和 Surface 修改器产生曲面；另一种是先用画线工具制作出交叉的网格状框架，再赋上 Surface 修改器，从而产生所需的曲面。Surface 曲面建模可以创造出一些比较复杂又相对光滑的表面，例如帽子、角色模型、飞机模型等。

在需要注意的是，曲面建模时，只有三边形或者四边形的网格才能形成封闭的曲面。这是由于这些网格最终会被转换成面片类物体（Patch），而面片只有两种类型：三角形面片和四边形面片。

3.2.2 曲面建模案例

下面以牛仔帽为例，观察帽子的样子，抽取出二维轮廓线，最终将其演变成三维实体。

（1）绘制帽子的轮廓线，分别是四个大小和上下位置不同的圆，运用对齐工具对其进行中心对齐操作，如图 3-29 所示。

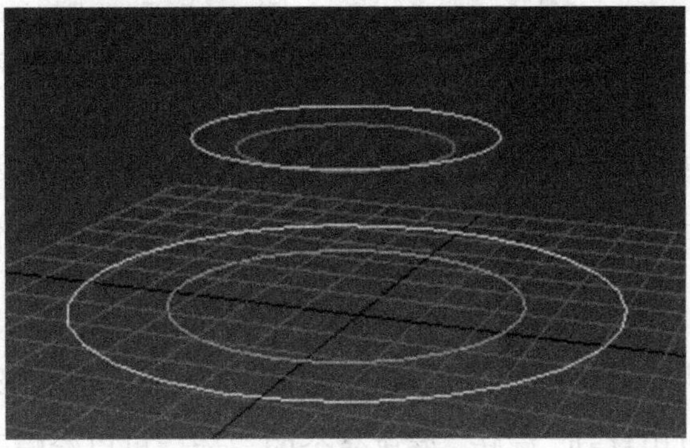

扫一扫，看视频

图 3-29 轮廓线

（2）选择最大的那个圆，为其添加 Edit Spline（编辑样条线）修改器，使用 Attach（附加）命令，依次选择最下面的圆、最上面的圆、剩下的最后一个圆，使其成为一个整体。顺序如图 3-30 所示。特别要注意这里的选择顺序，在后续操作里会发现不一样的顺序效果是不一样的。

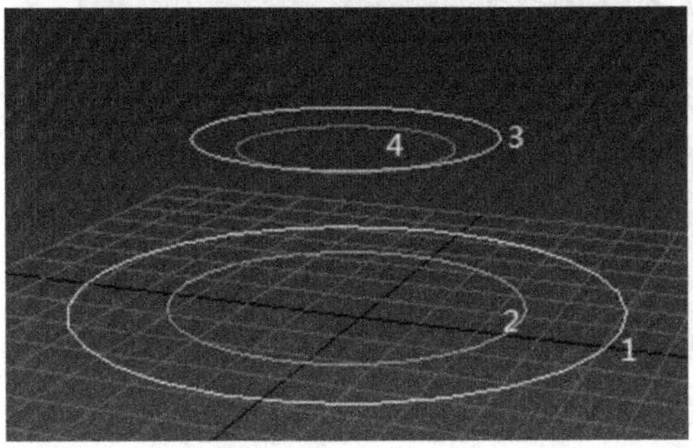

图 3-30 选择顺序

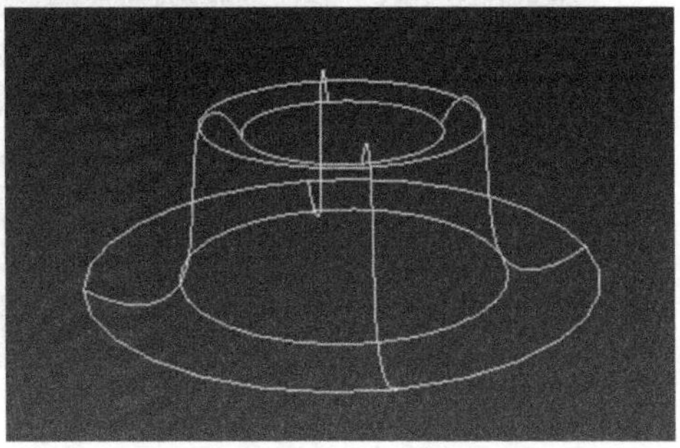

图 3-31 横截面效果

（3）为这个新对象添加 CrossSection（横截面）修改器，Spline Option（样条线选项）选择 Bezier，结果如图 3-31 所示。

（4）再添加 surface（曲面）修改器，得到帽子的锥形，如图 3-32 所示。

图 3-32 帽子雏形

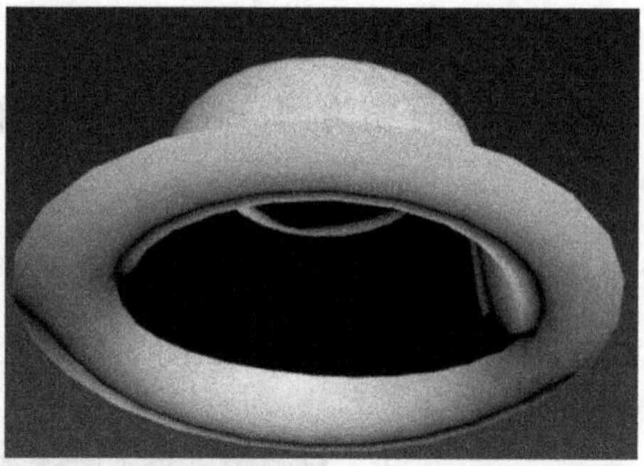

图 3-33 删除掉底部后的样子

（5）将视角旋转到帽子的底部，发现帽子是实心的。这是因为“曲面”修改器在原来的对象的最后一个样条线和第一个样条线之间生成了一个面。这里只需要删除这个面就可以了，如图 3-33 所示。

（6）可以继续调整帽子的形状，调整成你想要的样子。调整的时候，记得顶点、面片等级别都是可以用移动、旋转、缩放命令的。最后可以给帽子加一个 Shell（壳）修改器，以形成厚度，如图 3-34 所示。

图 3-34 帽子效果图

（7）可以给帽子添加更多的细节，做成各种类型的帽子，如图 3-35 所示。

图 3-35 添加细节后的帽子

3.3 扩展案例

在接下来的案例中，可以根据前面学到的知识点做一些在游戏场景中经常会用到的道具，例如酒桶和树桩。成品图如图 3-36 所示。

扫一扫，看视频

图 3-36 道具模型图

1．酒桶的制作

（1）由于桶箍是决定酒桶的基本形态以及弧形桶身的基础，因此，酒桶的制作从桶箍开始。首先创建一个如图 3-37 所示的圆柱体。

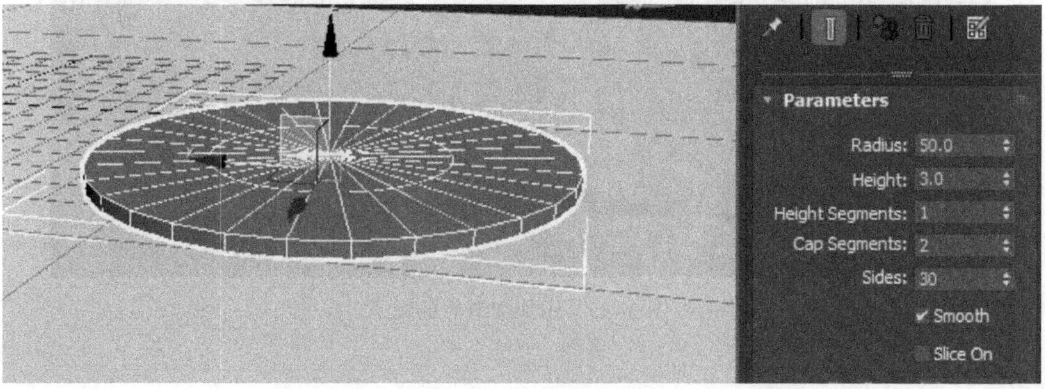

图 3-37 创建圆柱体

（2）复制该圆柱体，修改半径及高度大小，并使其与原圆柱体中心对齐，如图 3-38 所示。

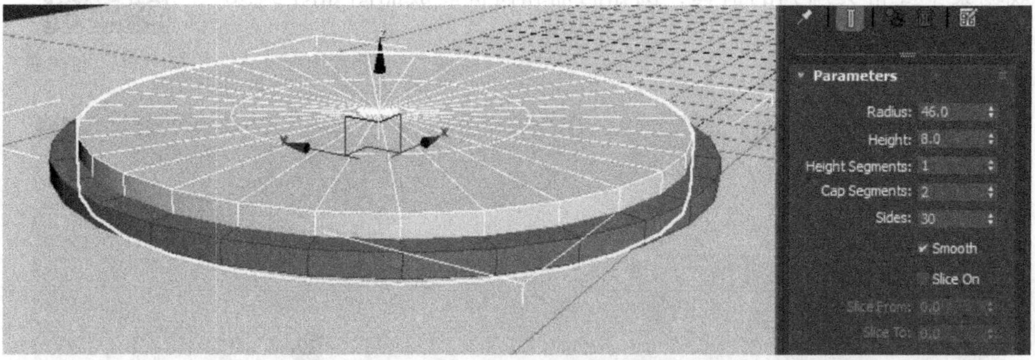

图 3-38 复制圆柱体并调整

（3）采用布尔运算，得到一圆环。为此圆环加上 Edit Poly（编辑多边形）修改器，切换到线级别，使用 Chamfer（切角）工具，将几条边作切角处理，如图 3-39 所示。注意要用一些 Loop（环形）工具，如发现点未融合，可使用 Welt（融合）工具。

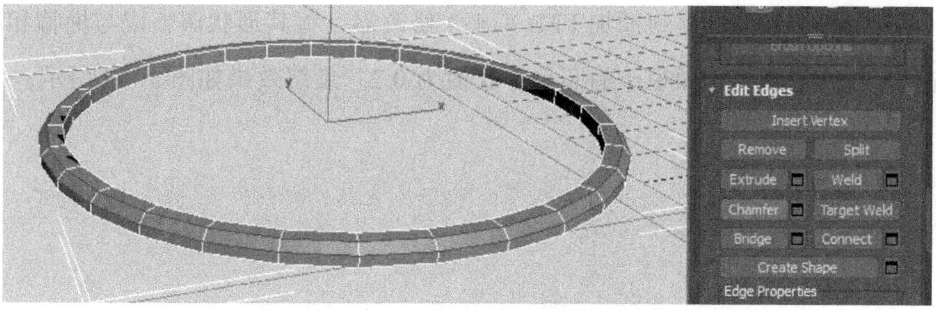

图 3-39 顶端的桶箍

（4）复制一个同心圆环，修改参数及形状，将该圆环作为中间的那个桶箍，如图 3-40 所示。

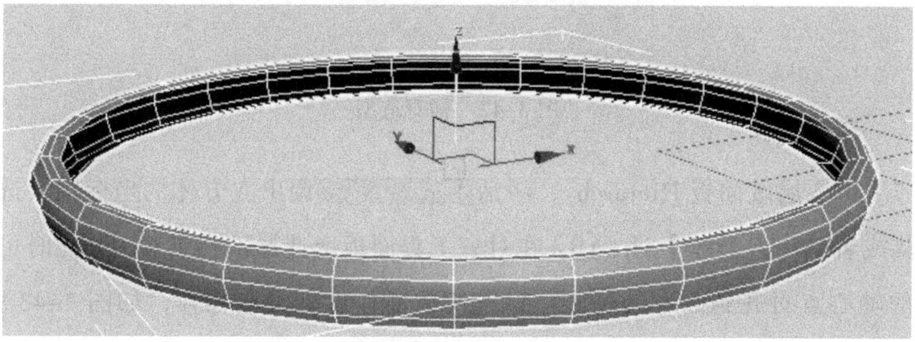

图 3-40 中间的桶箍

（5）创建一个立方体作为弧形桶身的基础，参数可参考图 3-41，如需要，可在自己的模型上做些更改。

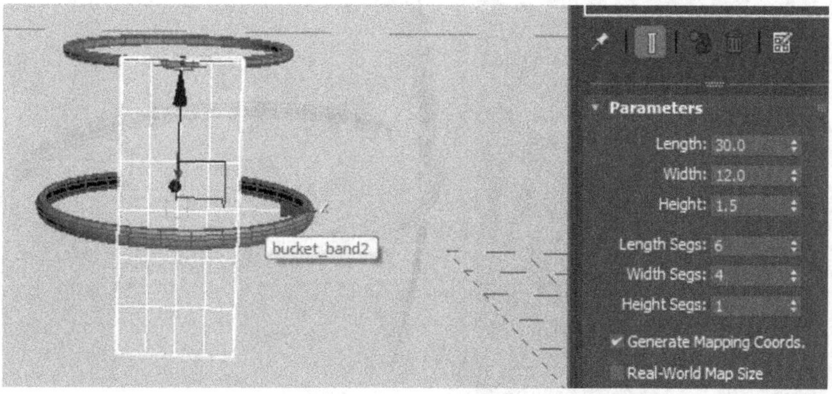

图 3-41 创建立方体

（6）为此弧形桶身材料添加 FFD 4x4x4 修改器，将其形状调整成与桶箍相符合的造型，并为每条边添加很小的圆角，其值为 0.2。最终效果如图 3-42 所示。

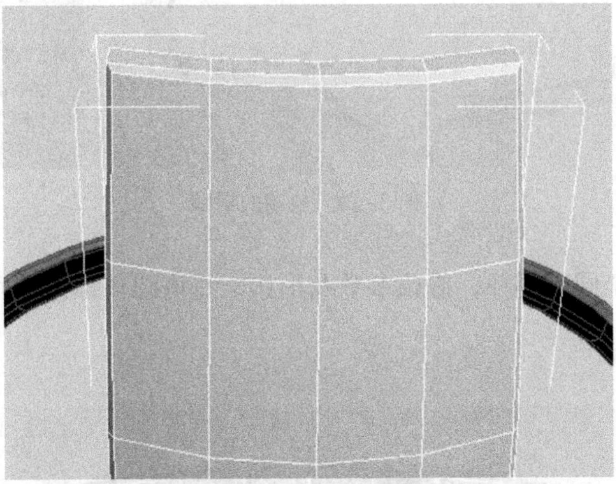

图 3-42　桶身造型

（7）进入层级面板 Hierarchy，激活 Affect Pivot Only 调出立方体的坐标轴，选择对齐工具或者使用组合键【Alt+A】，在对齐工具面板上选择轴心点对齐，此时可以将桶身的轴心点对齐到圆环的轴心点，方便后面作旋转复制操作，如图 3-43 所示。对齐后，关闭 Affect Pivot Only（仅影响轴）按钮。

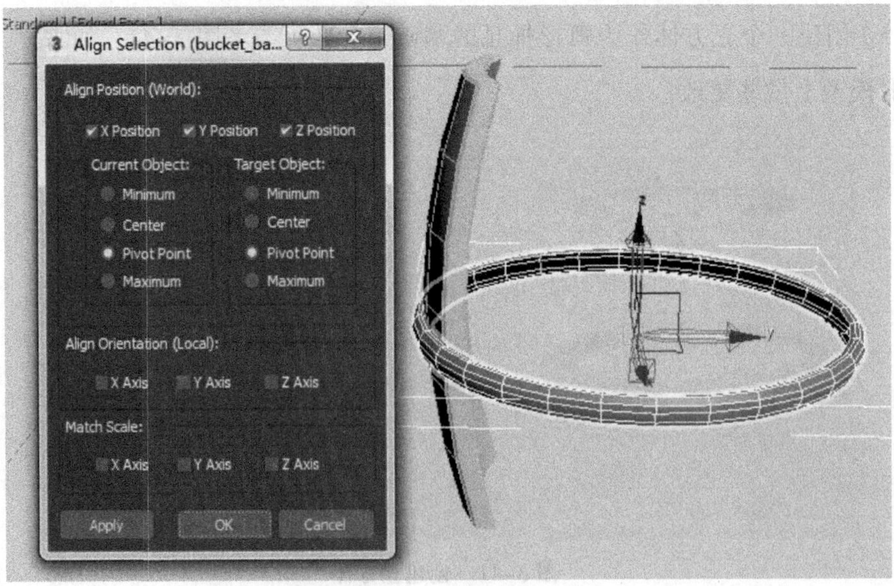

图 3-43　轴心点对齐

（8）复制该块桶身材料模型，使其环绕成一个完整的桶身，调整各个参数如图 3-44 所示。

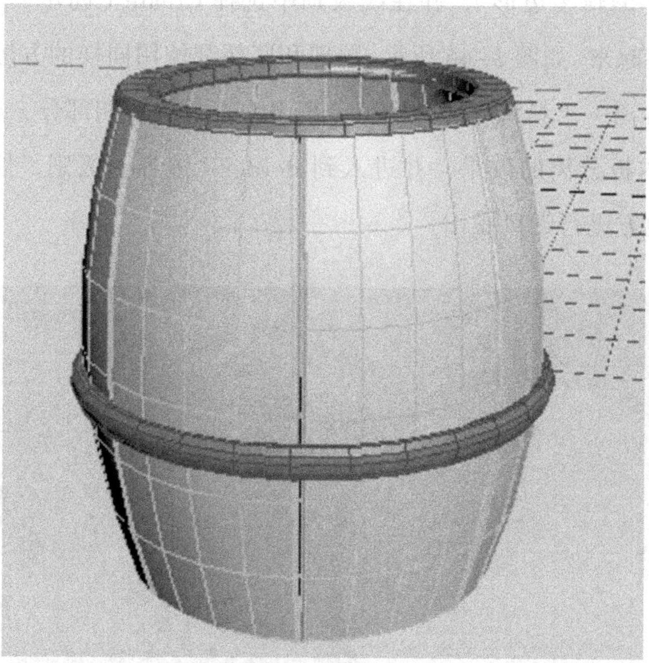

图 3-44 完整的桶身

（9）新建一个圆柱，制作桶底。调整其参数及切角，使其呈现如图 3-45 所示的样子，并将其放置至酒桶底部。

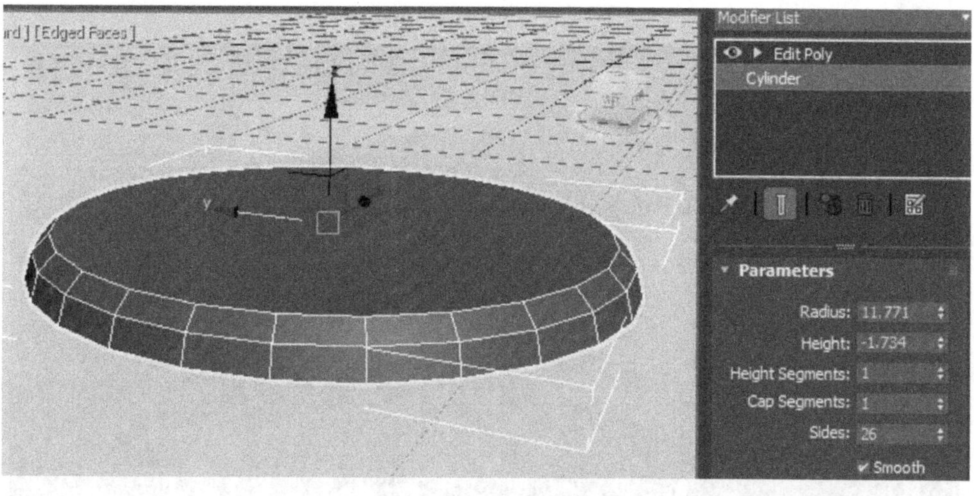

图 3-45 酒桶底座

（10）新建一个圆柱，此圆柱将作为桶盖。将其与上层的桶箍中心对齐，并稍往上提一点，使其盖在酒桶之上。为了将该桶盖分离成几个大小不等的模块，为其添加 Edit Poly（编辑多边形），并在线级别中选择 Create（创建）工具，将对称的两点用线段连接起来，如图 3-46 所示，顶部和底部都使用同样的方法。在点级别中，运用 Detach（分离）工具将一部分桶盖分离出去，共分成四部分，如图 3-47 所示，这样可以制作木板分离的效果，并进入到 Border（边界）级别，使用 Cap（封口）工具将缺面的地方进行封口操作。

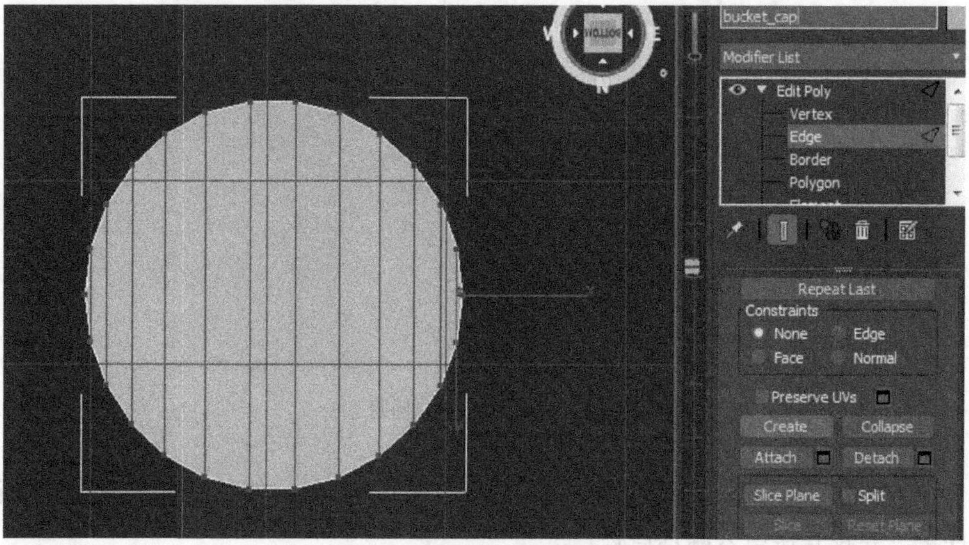

图 3-46　创建线段

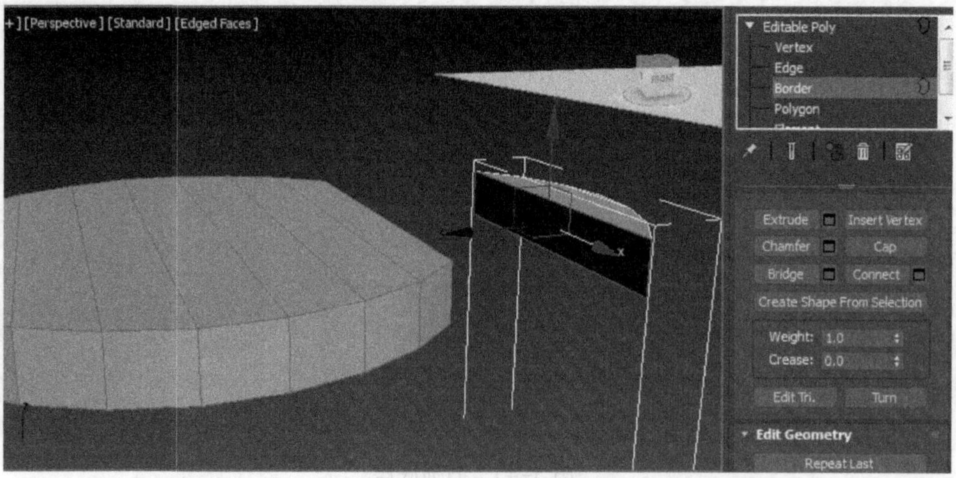

图 3-47　分离桶盖

（11）采用边级别的 Chamfer（切角）及点级别的处理，使其呈现适当的切角效果，最终效果如图 3-48 所示。

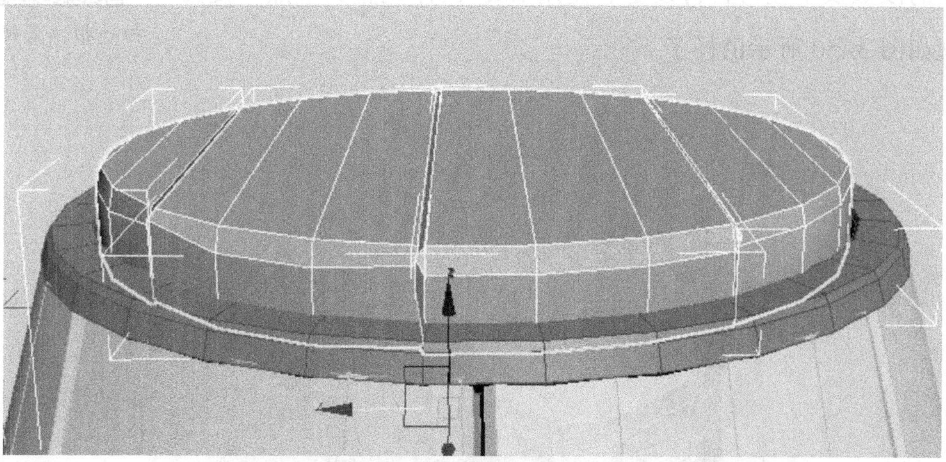

图 3-48 切角处理

（12）如想使模型更光滑一点，可使用涡轮平滑修改器。不过在使用该修改器前需注意角边的细分数，若发现细分数不够，可以继续进行细化。对该酒桶进行复制，最终效果如图 3-49 所示。材质部分可暂不考虑，在下一章中会讲解如何赋材质。

图 3-49 酒桶效果

2. 树桩的制作

（1）树桩的制作可以从一个段数相对较高的圆柱体开始，圆柱体的段数及半径可自行设定。使用 Edit Poly 调整其节点，使其呈现如图 3-50 所示的样子。

扫一扫，看视频

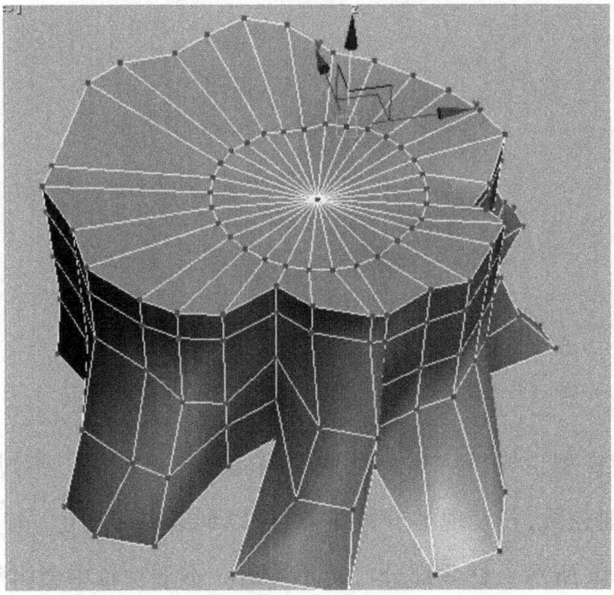

图 3-50 树桩的雏形

（2）在顶部与底部的线段上进行 0.01 的切角处理，并添加涡轮平滑。切角的作用就是让其在平滑时能保持原有的基本形态，最终效果如图 3-51 所示。

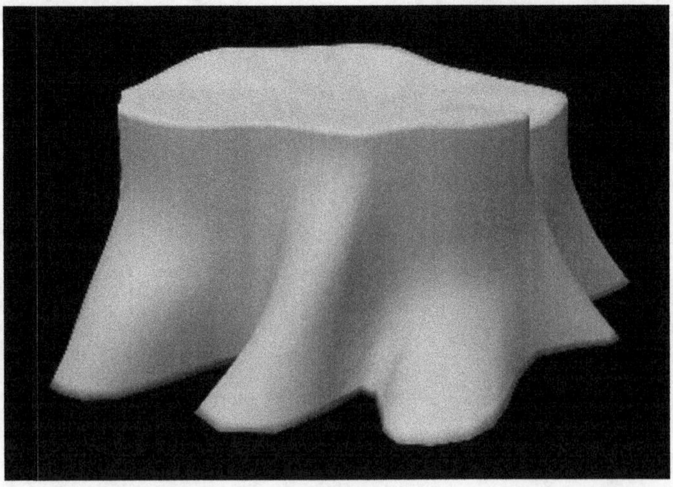

图 3-51 树桩效果

3.4 课堂练习

在拓展案例的基础上，完善该游戏场景的制作，例如篱笆、桥等，效果如图 3-52 所示。

图 3-52 游戏场景模型（篱笆）

3.5 思考题

（1）多边形建模有哪些优势？

（2）编辑多边形有几种子对象？

（3）塌陷有什么作用？

第 4 章
材质贴图

本章学习目标

- ■ 掌握材质的基本原理
- ■ 了解几种常用的材质及适用场合
- ■ 了解贴图的常用类型，能够运用一些常用的贴图方法
- ■ 掌握如何正确地显示贴图

4.1 材质基础

4.1.1 材质原理

创建好模型后，需要为这些模型赋予合适的材质才能模拟真实的场景。通常情况下，材质包括物理特性和物理属性，物理特性又可细分为透明、自发光、反射、折射、高光等，物理属性包括纹理、颜色、凹凸等，如图 4-1 所示。三维场景中的材质可以理解为“物体是怎样反射和传播光线的”，表现为物体的外观特性，如粗糙、光泽、反射、折射、透明、发光等。

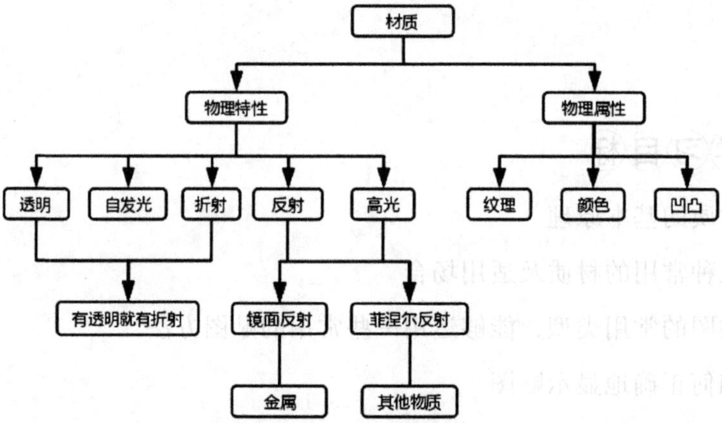

图 4-1　材质范畴

在材质特性中，有一部分是与光线有直接关系的，例如折射、反射、高光等，理解这些概念的时候需要清楚能量守恒定律。能量守恒就是一个物体所具有的能量不会凭空产生或者消失，只能在物体之间相互转移或转化为别的形式的能量。当光线照射到物体上时，总体上会有三种反应：入射、反射和折射，如图 4-2 所示。因此，在光线传播过程中，可以得出这样一个公式：入射能量≥吸收能量 + 反射能量 + 折射能量。其中，吸收能量一般转化为热能，不会表现在材质特性中，可以不用考虑。反射又分为漫反射和镜面反射，在材质制作过程中，漫反射一般为 diffuse，而镜面反射一般为 specular，折射一般为 refraction。假设入射能量为 100%，即为 1，则可以得到 1 ≥ diffuse+specular+refraction。

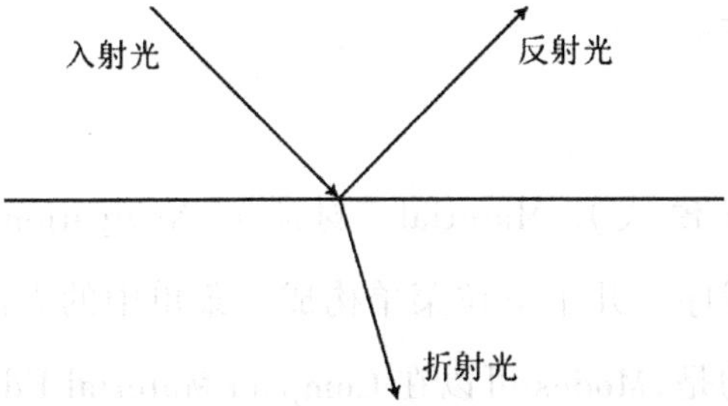

图 4-2　能量守恒

除了金属之外，其他物质均有不同程度的菲涅尔效应。菲涅尔效应是指反射 / 折射与视点角度之间的关系，即视线垂直于表面时，反射较弱，而当视线非垂直于表面时，夹角越小，反射越明显，如图 4-3 所示。决定菲涅尔效应的主要是折射率这个属性，一般物体的折射率在 1.3~1.9 之间，例如水、塑料、橡胶、玻璃等，金属为 4~10，甚至更高。

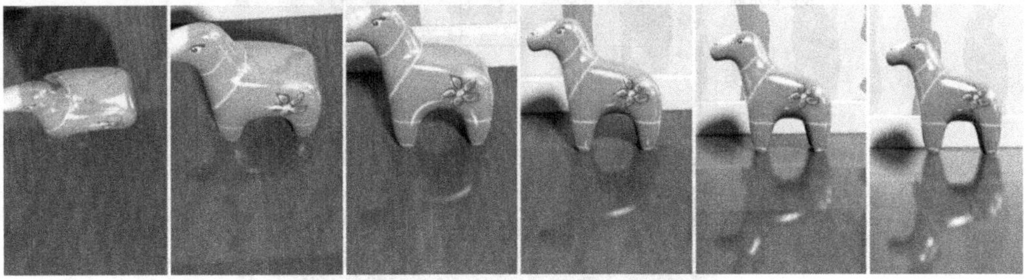

图 4-3　反射与角度的关系

4.1.2　材质编辑器基础

在 3ds Max 中，材质是通过材质编辑器设置的，单击主工具栏中的按钮或者按快捷键【M】即可打开材质编辑器。材质编辑器有两种模式：Compact Material Editor（精简材质编辑器）和 Slate Material Editor（Slate 材质编辑器），前者如图 4-4 所示，后者如图 4-5 所示。精简材质编辑器由菜单栏、材质样本窗、水平工具栏、垂直工具栏、参数面板、材质控制区等构成。Slate 材质编辑器是一个具有多个元素的图形界面，包括菜单栏、工具栏、材质 / 贴图浏览器、活动视图、导航器、参数编辑器、状态栏、视图导航等。Slate 材质编辑器是 2011 版 3ds Max 新增的材质编辑工具，其操作方法与精简材质编辑器有很大的区别。下面以精简材质编辑器为例，介绍各部分的具体功能。

1. 菜单栏

菜单栏由 Modes（模式）、Material（材质）、Navigation（导航）、Options（选项）、Utilities（实用程序）几个下拉菜单构成，菜单中的大部分功能都可以在工具栏里找到。特别强调的是，Modes 可以在 Compact Material Editor（精简材质编辑器）和 Slate Material Editor（Slate 材质编辑器）两种模式间相互切换。

Slate 材质编辑器的菜单包括 Modes（模式）、Material（材质）、Edit（编辑）、Select（选择）、View（视图）、Options（选项）、Tools（工具）、Utilities（实用程序）。与精简材质编辑器一样，大部分的功能在工具栏或者面板中都能找到。

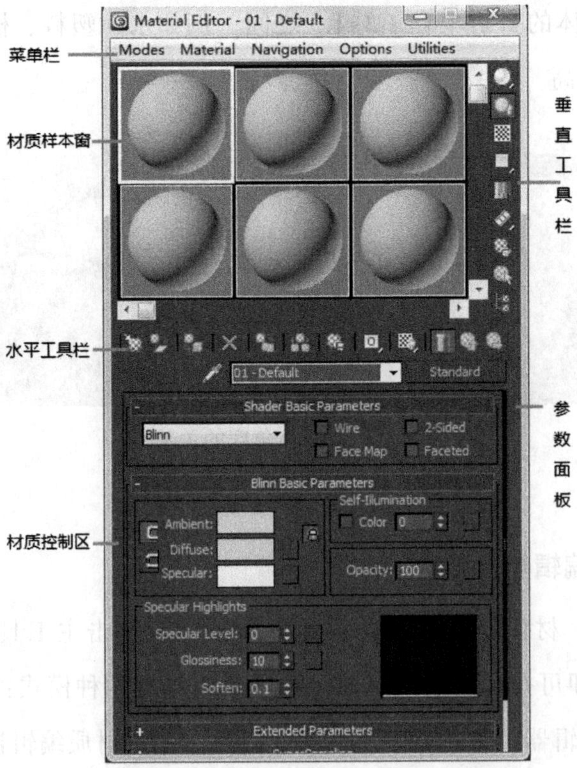

图 4-4　精简材质编辑器

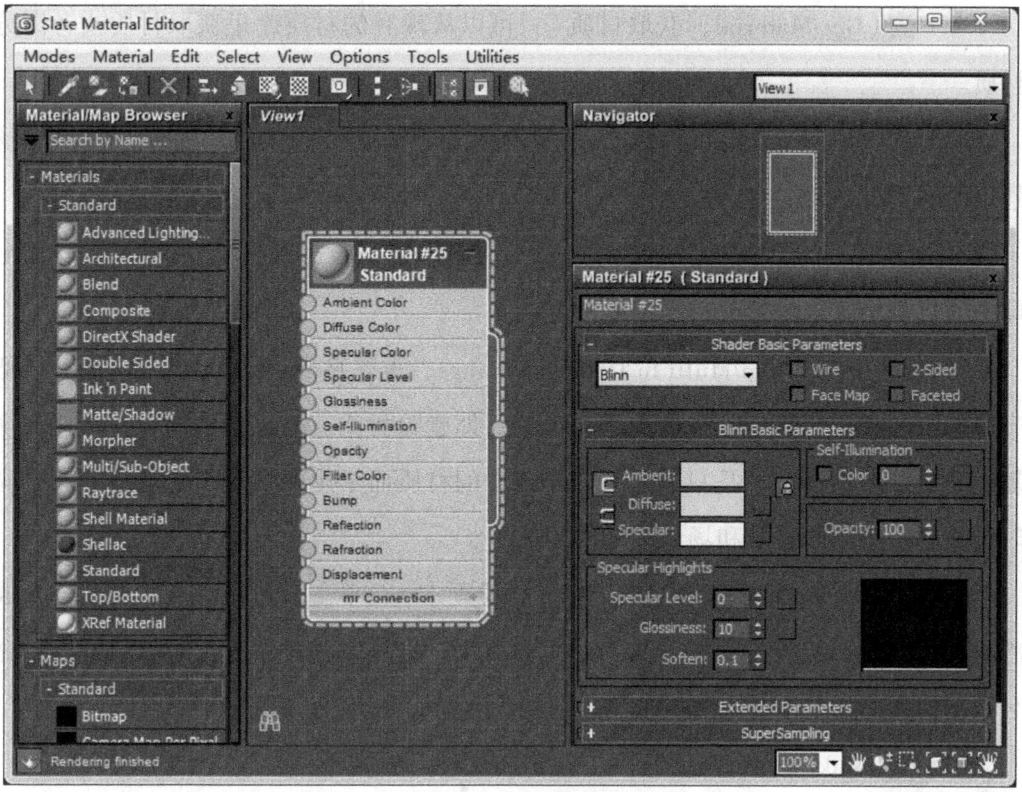

图 4-5　Slate 材质编辑器

2．材质样本窗

材质样本窗里包含着多个样本球，每个样本球存储一个材质，可以用来给场景中的模型赋材质。窗口中共有 24 个样本球，默认情况下显示 6 个样本球，用户可以在样本球上右击显示 3 × 2、5 × 3 或者 6 × 4。当材质球上的材质已经被赋给具体模型时，材质球的四周会出现白色小三角形，此时该材质称为热材质；未指定给具体模型的材质称为冷材质。

3．工具栏

精简模式下的工具栏可以分为水平工具栏和垂直工具栏，水平工具栏的具体功能如图 4-6 所示。

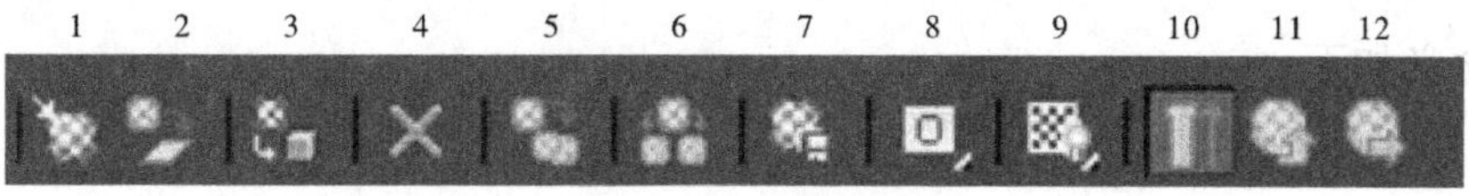

图 4-6　水平工具栏

（1）（Get Material，获取材质）：可以从现有的材质库里获取材质或者浏览材质。

（2）（Put Material to Scene，将材质放入场景）：把复制的场景重新指定给场景中的同名材质。

（3）（Assign Material to Selection，将材质指定给选定对象）：将当前材质小球中的材质指定给场景中选定的对象。

（4）（Reset Map/Multi to Default Settings，重置贴图 / 材质为默认设置）：把当前选中的材质小球样本恢复至默认设置，即删除材质。对已指定的材质小球，恢复时会有两种情况：一是只删除材质小球中的材质而不影响场景中的对象；二是同时删除材质小球的材质和场景中对象的材质。

（5）（Make Material Copy，生成材质副本）：单击该按钮时，热材质会变成冷材质，改变参数将不影响场景中的对象材质。也可以通过该方法对材质进行重命名，当场景中的材质超过 24 种时，用这种方法可以定义更多的材质。

（6）（Make Unique，使唯一）：切断材质间的关联。

（7）（Put to Library，放入库）：将当前的材质存储到材质库中，从而扩充材质库中的材质。

（8）（Material ID Channel，材质 ID 通道）：为当前材质指定 ID 通道，一般用在后期效果中。

（9）（Show Standard Material in Viewport，在视口中显示明暗处理材质）：在视图中显示 / 取消材质贴图。

（10）（Show Ended Result，显示最终效果）：在多重复合材质制作过程中，用该功能可以在子层级中显示最终效果。

（11）（Go to Parent，转到父对象）：在复合材质中，可以从子对象转到上一级。

（12）（Go Forward to Sibling，转到下一个同级层）：在同级对象之间跳转。

垂直工具栏主要用来控制材质的显示状态，对材质不产生任何影响。几个主要的按钮含义如下：

（1）（Sample Type，样本类型）：样本小球的显示类型，包括球形、圆柱形、立方体三种选择。

（2）（Background，背景）：是否呈现彩色方格背景，通常用在制作透明、折射或反射材质中。

Slate 材质编辑器的工具栏与上述基本类似，这里不再赘述。

4．参数面板

不同的材质其参数面板都是不一样的，也把这些参数面板称为卷展栏。在参数面板上方，显示了材质的名称及材质类型。左侧的可吸取场景对象中的材质，并显示在材质小球上。在文本框内可对材质小球进行重命名，右侧的 Standard 为材质类型，当前默认选项为标准材质。

5．材质控制区

材质控制区里是一些具体的参数，该部分将在具体材质中给出详尽的解释。

那么编辑好的材质怎么才能指定给场景中的对象呢？可以运用以下两种方法。

（1）用鼠标拖拽的方法直接把材质球拖到场景中的对象上，即可为场景中的对象指定材质。

（2）用工具栏中的（Assign Material to Selection，给选定的对象赋材质）图标将材质小球上的材质指定给场景中已选定的对象。

4.1.3　材质类型

材质有很多种类型，最常用的是标准材质，还有双面材质、混合材质、多维/子材质、合成材质、光线跟踪材质等。

1．标准材质

标准材质是一种通用材质，可以为对象提供单一统一的颜色。标准材质的卷展栏包括 Shader Basic Parameters（明暗器基本参数）、Blinn Basic Parameters（Blinn 基本参数）、Extended Parameters（扩展参数）、Super Sampling（超级采样）、Maps（贴图）、Mental ray Connection（Mental ray 连接）。这里重点介绍前三者，贴图通道将在贴图部分给予详细描述。

（1）Shader Basic Parameters（明暗器基本参数）。明暗器即阴影类型，阴影类型是标准材质的最基本属性，也称为反光类型。不同的材料在光的照射下呈现出的反光效果是完全不同的。标准材质里的明暗器有 8 种，如图 4-7 所示，其效果如图 4-8 所示。选择不同的明暗器，其下的卷展栏也会有所不同。

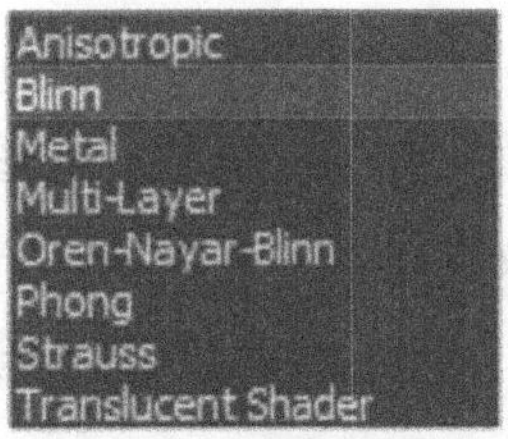

图 4-7　明暗器类型

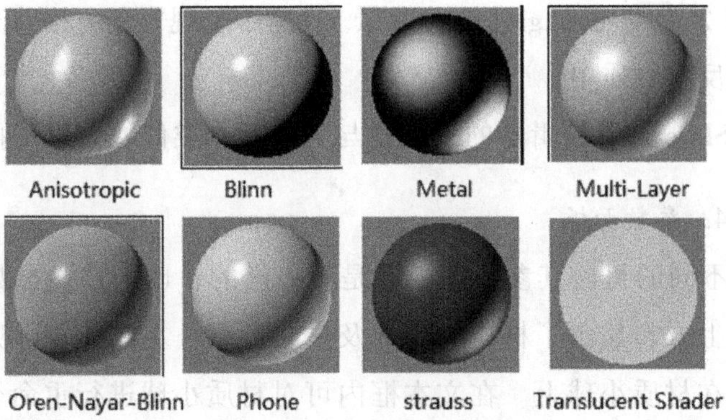

图 4-8　各种明暗器效果

① Anisotropic（各向异性）：能产生长条形高光，适用于头发、玻璃、磨砂金属等模型。其基本参数与 Blinn、Phone 基本类似。

② Blinn：这是系统默认的着色方式，以光滑的方式进行渲染，与 Phone 方式很接近。区别在于，Blinn 适用于暖色柔和的材质，而 Phone 适用于硬性冷色材质。

③ Metal（金属）：该着色效果能提供逼真的金属表面，比较适合于金属、玻璃等材质。创建金属材质时，应确保在示例窗中启用背景。

④ Multi-Layer（多层）：可以设置两层高光，组合了两个 Anisotropic，适用于高度磨光的曲面、特殊效果等。

⑤ Oren-Nayar-Blinn：是Blinn 的变种，包含高级漫反射、漫反射强度和粗糙度等，比较适合于布料、陶瓦、人的皮肤等较为粗糙的效果。

⑥ Phong：可以精确渲染凹凸、不透明度、光泽度、高光和反射贴图等，所呈现的反光是柔和的，适合表现除金属之外的硬性材料，例如玻璃制品、塑料等。

⑦ Strauss：用于金属表面建模，和金属明暗器相比，该明暗器的模型更简单。

⑧ Translucent Shader（半透明明暗器）：可以用于指定半透明材质，例如蜡烛、玉饰品、彩绘玻璃等。

在基本参数里，有几个特殊的明暗器效果，分别是 Wire（线框）、2-sided（双面）、Face Map（面贴图）、Faceted（面状）。

① Wire（线框）：渲染出模型网格线，网格线的粗细由扩展参数里的 Wire（线框）选项组来控制。

② 2-sided（双面）：在默认情况下，对于没有厚度的模型，3ds Max 默认只渲

染法线所指方向的面，指定双面可同时渲染两个面。

③ Face Map（面贴图）：多用于粒子系统，在组成物体的每一个面上贴图。

④ Faceted（面状）：不进行光滑处理。

（2）Blinn Basic Parameters（Blinn 基本参数）。Blinn 基本参数卷展栏包括色彩控制区域、自发光控制区域、透明度控制区域和高光控制区域，如图 4-9 所示。

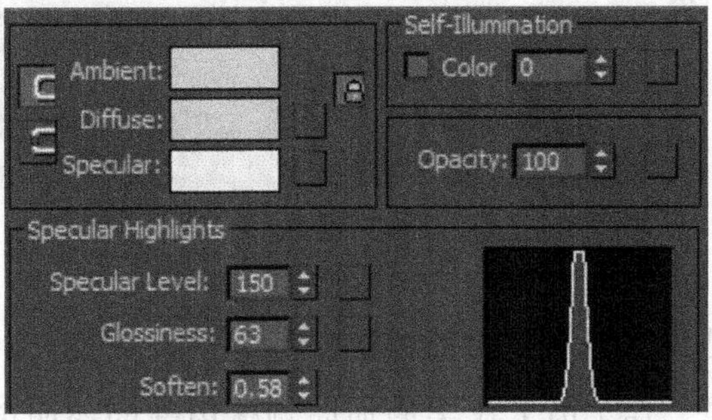

图 4-9　基本参数卷展栏

①色彩控制区域：该块区域包括 Ambient（环境光）、Diffuse（漫反射）和 Specular（高光）三个参数，分别控制阴影颜色、过渡区颜色和高光反射颜色，右侧的■按钮用于贴图设置。

提示

在材质颜色设置过程中或者贴图指定过程中经常会用到复制，此时，经常用的操作是直接用鼠标左键将一个颜色块拖到另一个颜色块上，松开鼠标左键，系统会询问是复制、交换还是取消操作，此时，选择相应的操作即可。

②自发光控制区域：设置自发光参数，可以使物体本身产生发光的效果。数值表示自发光的强度，勾选 Color 前的复选框后可以指定自发光的颜色。

③透明度控制区：用于控制物体的透明程度，透明度是用百分比的方式来控制的，100 代表完全不透明，0 代表完全透明。

④高光控制区域：包括 Specular Level（高光级别）、Glossiness（光泽度）、Soften（柔化）和光斑曲线图。其中，高光级别设置高光区域的强度，光泽度设置光斑的大小，柔化使高光区域的光斑变得柔和，光斑曲线图显示了整体的调整效果。

（3）Extended Parameters（扩展参数）。扩展参数包括 Advanced Transparency（高级透明）、Reflection Diming（反射暗淡）以及 Wire（网格），如图 4-10 所示。

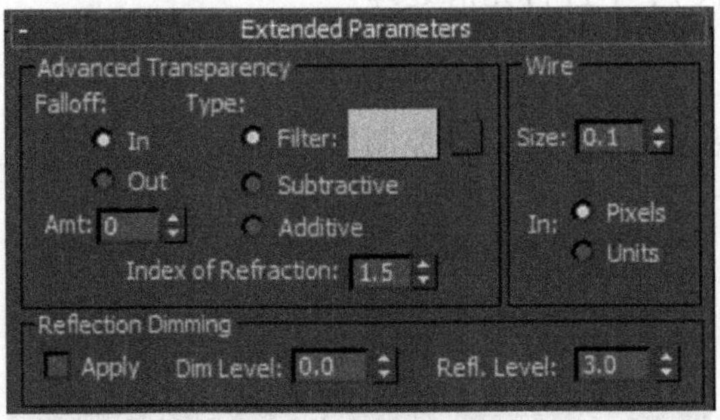

图 4-10　扩展参数

高级透明控制透明材质的透明衰减效果。其中，Falloff（衰减）用于控制误差方式和衰减的程度，In（内）代表增加向物体内部的透明度，例如玻璃等；Out（外）意为增加向物体外部的透明度，例如烟雾等，Amt（数量）用来设置误差程度。Type 是透明方式，Filter（过滤）设置透明过渡色，Subtractive（相减）从材质中减去背景后，Additive（叠加）设置材质与背景色叠加。Index of Refraction（折射率）设置模型的折射率。折射率是透明物体的基本属性，不同的折射率决定了不同的折射效果。常用的一些模型折射率：空气为 1.003，水为 1.333，玻璃为 1.5~1.7，冰为 1.309，翡翠为 1.570。

2．双面材质（Double Sided）

双面材质卷展栏（见图 4-11）可对物体的正面和背面指定不同的材质，并可设置半透明程度。默认情况下，正面和背面材质是标准材质，可进入子层进行设置。因此，材质之间相互嵌套，形成树层结构。双面材质效果如图 4-12 所示。

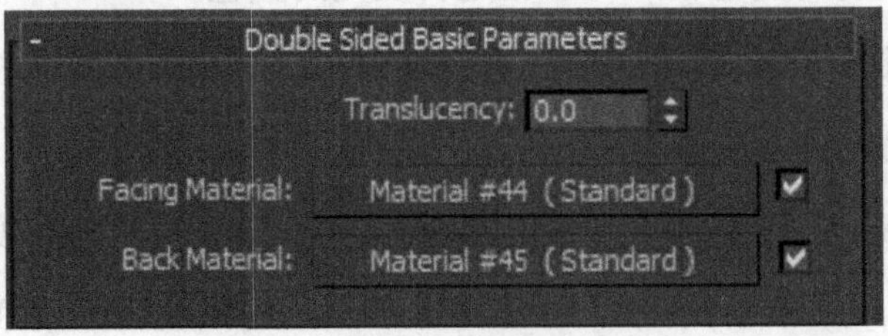

图 4-11　双面材质卷展栏

图 4-12　双面材质效果

3. 混合材质（Blend）

混合材质是由两种材质根据遮罩或者混合量混合而产生的材质，如图 4-13 所示，Material 1 和 Material 2 是两种材质，Mask 是遮罩，Mix Amount 为混合量。该材质可用来制作金花抱枕、带有锈迹的金属等，具体效果如图 4-14 所示。

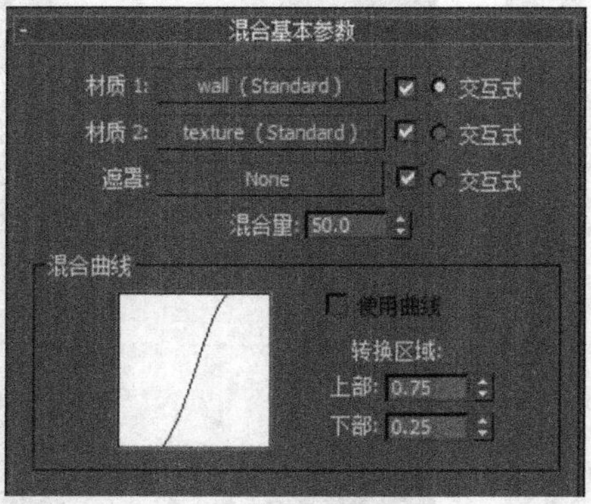

图 4-13　混合材质

图 4-14　混合材质效果

4. 多维 / 子材质（Multi/Sub-object）

多维 / 子材质也是给一个物体指定多种材质，其指定的范围由材质 ID 决定。在物体的多边形级别下可设置不同区域的材质 ID 号，再针对这个 ID 设置相应的材质（见图 4-15）。例如，设置如图 4-16 所示效果的路障。

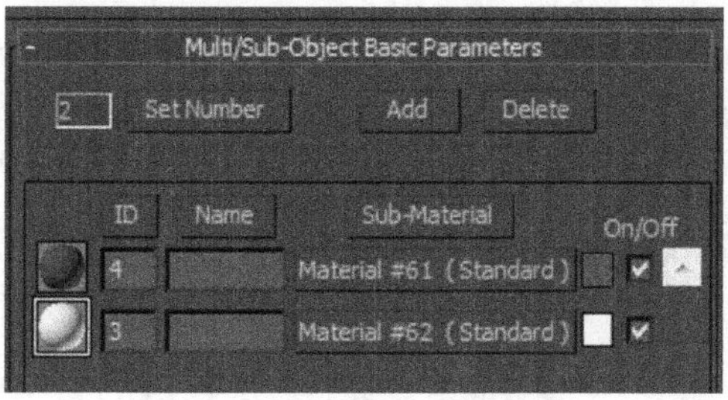

图 4-15　多维 / 子材质卷展栏

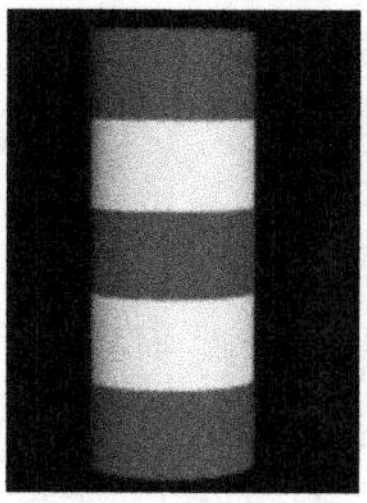

图 4-16　路障的多维 / 子材质效果

5. 合成材质（Composite）

合成材质又叫作复合材质，可以用层级的方式对材质进行叠加，获得丰富的材质效果。图 4-17 右侧的 Composite Type（合成类型）有 A、S、M，这些按钮控制材质的合成方式。默认设置为 A，即材质基于不透明度进行汇总；S 为使用相减不透明度；M 为基于数量混合材质。颜色和不透明度将按照使用无遮罩混合材质时的样式进行混合。图 4-18 是三种材质合成后产生的效果。

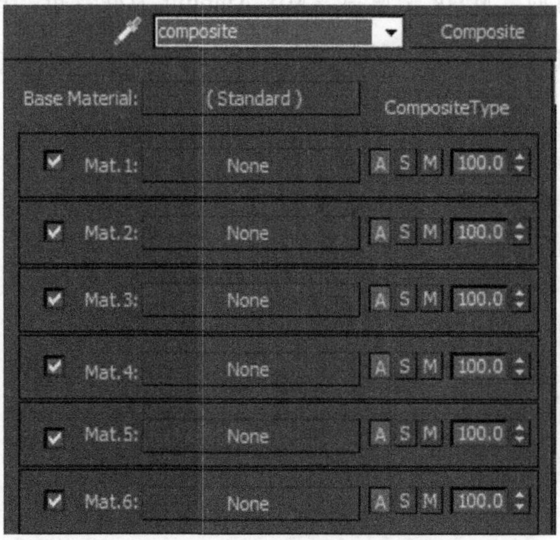

图 4-17　合成材料

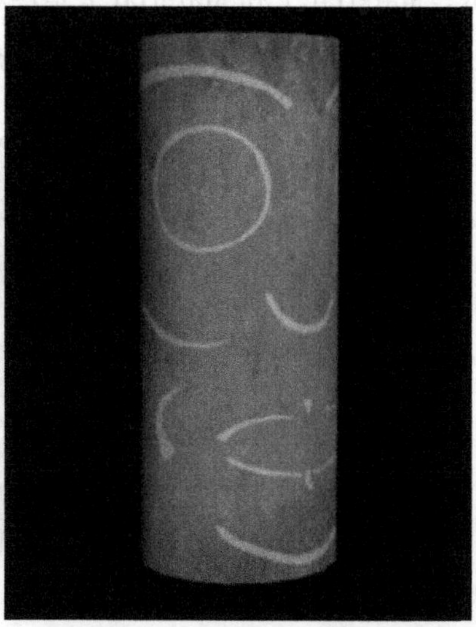

图 4-18　合成材料效果

6. 光线跟踪材质

光线跟踪材质能够真实地反映光线的折射与反射，多用于玻璃、金属等物体。由于需要复杂的计算过程，光线跟踪材质的渲染速度相对较慢。图 4-19 显示的是由光线跟踪材质制作的几个小球效果。

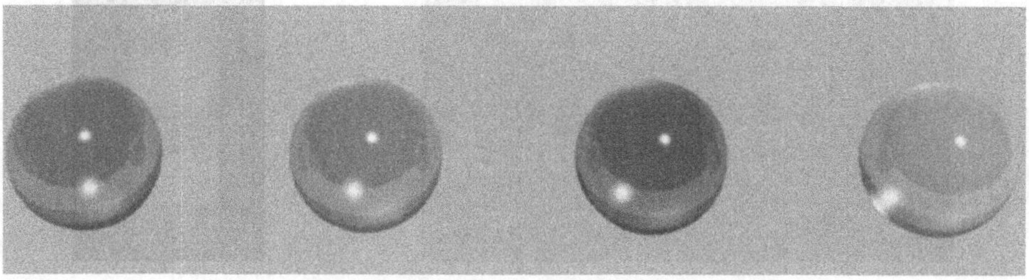

图 4-19　由光线跟踪材质制作的几个小球效果

4.2 贴图基础

所谓贴图，就是给物体表面指定一张图片并贴合。利用贴图，可不同程度地增加模型的复杂度，可以得到很多复杂的效果，如反射、折射、反光和凹凸等。材质与贴图有所区别又相互关联，区别是，材质主要反映的是物体表面的颜色、反光、透明度等基本属性，而贴图反映的是丰富多彩的纹理、凹凸效果；它们之间又密不可分，贴图基于材质通道。可以这样形容材质与贴图的关系，材质是骨架，贴图是肉，肉必须附着在骨架上才会有意义。因此，贴图只有加载到材质上后才会随着材质在模型表面显示出来。

4.2.1　贴图类型

贴图通常被贴到模型表面或者作为环境贴图为场景创建背景，贴图一般可以分为二维贴图、三维贴图、反射与折射贴图、混合贴图及其他贴图。具体的贴图方式可以在 3ds Max 的帮助文件里找到相关信息与实例，这里不再一一细述。

1．二维贴图

二维贴图即将二维平面图像直接映射到物体表面或者用于创建环境贴图。二维贴图包括 Bitmap（位图贴图）、Check 贴图、Gradient（渐变贴图）、Tile（平铺贴图）等，如图 4-20 所示。其中，最常用的属位图贴图，位图贴图是使用一张或多张位图图像作为贴图文件，如静态的 JPG、GIF、BMP、TGA、TIFF 文件等，也可以采用动态的 AVI 文件。位图贴图用途非常广，在后序的贴图过程中会大量地用到位图贴图，其他的二维贴图都是由程序自动计算完成。

2．三维贴图

三维贴图也属于程序贴图，它是贴图程序在空间的三个方向上都产生的贴图，包括 Wood（木纹贴图）、Dent（凹痕贴图）、Falloff（衰减贴图）、Smoke（烟雾贴图）、Noise（噪波贴图）、Particle Age（粒子年龄贴图）等。例如用噪波贴图可制作波涛汹涌的海平面，也可以制作出微波粼粼的湖面。

3．反射与折射贴图

反射和折射贴图可以制作出一些比较真实的效果，例如清晰的镜面、富有质感的玻璃、光滑的地板等。该类贴图包括 Flat Mirror（平面镜贴图）、Retrace（光线跟踪贴图）、Reflect/Refract（反射 / 折射贴图）。

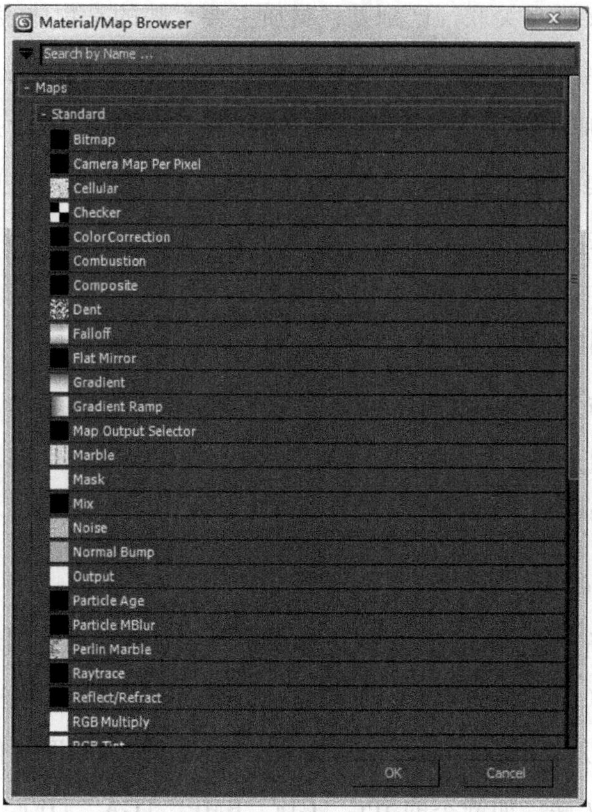

图 4-20　材质 / 贴图浏览器

4．混合贴图

混合贴图有点类似于混合材质，可以将两种贴图混合在一起，通过控制混合数量调节混合的程度，例如 Mix（混合贴图）、Composite（合成贴图）。

5．其他贴图

除了上述讲到的贴图，其他的贴图还有 Mask（遮罩贴图）、Normal Bump（法线凹凸贴图），读者可以到 3ds Max 帮助文件里查阅相关信息。

4.2.2　贴图通道

贴图需要通过正确的贴图通道指定给模型，才能精确地显示贴图。贴图通道（见图 4-21）的种类很多，通道存在于材质编辑器、修改器、环境编辑器等地方。以标准材质为例，Maps 卷展栏下面都是贴图通道，用户可通过指定 Map 的类型或地址指定贴图，也可以单击其他卷展栏里属性右侧的灰色小方块进入相应属性的贴图通道。

贴图通道可以分为两种类型：颜色通道和强度通道。颜色通道包括 Ambient Color（阴影）、Diffuse Color（漫反射）、Reflection（反射）等，这些贴图通道既可以影响材质的色彩变化，也可以接受色彩信号；强度通道包括 Opacity（透明）、Bump（凹凸）、Displacement（置换）等，强度通道只接受贴图的灰度值，即色彩变化不会对贴图产生影响。

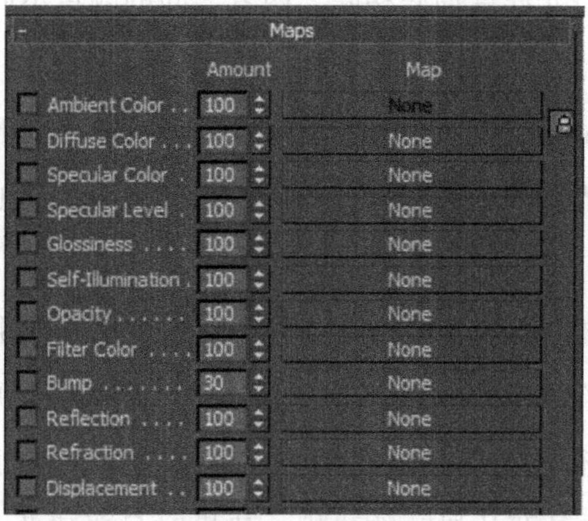

图 4-21　贴图通道

贴图通道包括以下几个。

（1）Ambient Color（阴影）：将贴图运用于材质的阴影区。

（2）Diffuse Color（漫反射）：用于表现材质的纹理效果，这是最常用的贴图通道。当漫反射贴图为 100% 时，会完全覆盖过渡色的颜色。例如，给一个茶壶的漫反射颜色设置为红色，再添加一个 Check 贴图，当贴图数量是 100% 时和 50% 时，显示的贴图效果会很不一样，如图 4-22 所示。

图 4-22　漫反射贴图数量的对比

（3）Specular Color（高光）：将材质运用到高光区，常用在制作扫光中。

（4）Specular Level（高光级别）：用于改变高光部分的强度，贴图中白色部分的像素产生完全的高光区域，黑色部分则将高光完全地移除，两者之间的颜色不同程度地削弱高光强度。

（5）Glossiness（光泽度）：该贴图出现在物体的高光处，并控制高光处贴图的光泽度。根据贴图颜色的强度决定哪些部分更有光泽，贴图中黑色的像素产生完全的光泽，白色像素则将光泽度彻底移除，两者之间的颜色不同程度地减少高光区域面积。

（6）Self-Illumination（自发光）：贴图以一种自发光的形式贴在物体表面，贴图中浅色部分产生发光效果，黑色部分不产生任何影响，其他区域不同程度地产生发光效果。

（7）Opacity（不透明度）：根据贴图的颜色产生透明效果，贴图中黑色部分完全透明，白色部分完全不透明，颜色越浅越透明。不透明度贴图经常用在一些树叶、行道树等场景建模中，可以大量节省面数。例如，图 4-23 显示的是两片树叶的建模，建模时只要建两个段数为 1×1 的平面，附以不透明度贴图，即可以呈现叶子的效果。

扫一扫，看视频

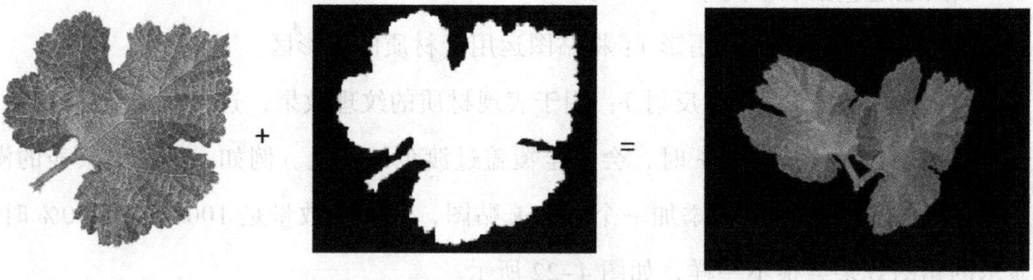

图 4-23　不透明度贴图

（8）Filter Color（过滤色）：基于贴图像素的强度决定透明颜色效果。

（9）Bump（凹凸）：通过贴图的明暗程度影响材质表面的平滑程度，产生凹凸效果。贴图中颜色浅的地方产生凸起的效果，颜色深的地方产生下凹的效果。这种凹凸不会对模型本身产生影响，如果有些对象离镜头很近，可以看到无明显的凹凸效果及投影效果。但对于制作一些路面、砖墙等效果还是不错的。如图 4-24 左图所示，左侧为凹凸贴图，从视觉上已经产生了凹凸的效果，置换贴图与之相比，则是对整个模型产生了变形。

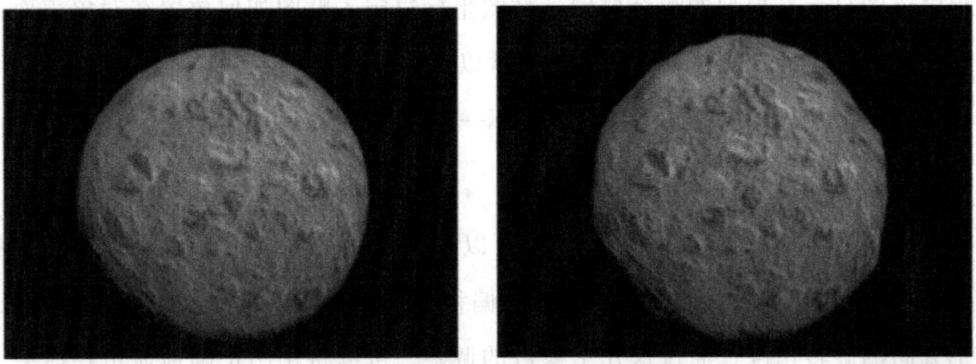

图 4-24　凹凸贴图与置换贴图

扫一扫，看视频

提示

- 在制作反射效果时一般有三种方法。
- 基础贴图反射，可指定一张位图或程序贴图作为反射贴图，这是渲染速度最快的一种方式，也是最不真实的一种方式。但对于模拟金属材质来说，效果还是不错的。
- 自动反射，该方法不使用贴图，其工作原理是由物体的中间向周围观察，将其周围的物体贴到表面上。光线跟踪就是使用了自动反射的方法，该方法效果最好，也是渲染速度最慢的一种。
- 平面镜反射，使用平面镜贴图作为反射贴图，模拟镜面反射效果。

（10）Reflection（反射）：可用于表现材质反射光线的效果，对创建一些具有反射属性的材质非常有用。

（11）Refraction（折射）：用在制作具有折射效果的对象上，也可使对象表面产生对周围景物的映射。

（12）Displacement（置换）：根据贴图的灰度等级决定对象表面的凹凸程度，较浅颜色部分突出，颜色深的部分下凹，效果类似于凹凸通道。与凹凸通道不同的是，置换贴图通过改变几何表面上多边形的分布，在每个表面上创建很多的三角面来实现位移、拉伸等。因此，该贴图会牺牲大量的内存和时间，渲染速度较慢。具体效果如 4-24 右图所示。

4.2.3 正确显示贴图

一张好的贴图需要配合正确的贴图坐标指定才能正确地显示在对象上，即要告诉程序该图显示在模型的哪个位置。贴图坐标决定了贴图如何放置在对象表面上，包括大小、位置、方向等。贴图坐标通常以 U、V 和 W 指定，U 是水平维度，V 是垂直维度，W 是纵深维度。调整贴图坐标一般有以下三种方法。

1. 材质编辑器中的“坐标”卷展栏

创建材质时，进入到贴图通道里，可以看到 Coordinates（坐标）卷展栏，该卷展栏中有 U、V、W 三个方向的 Offset（偏移）、Tiling（平铺）、Mirror 参数，以及三个方向的旋转角度。通过这几个参数的调整，可以将贴图正确地显示在模型上，图 4-25 中显示的就是第 2 章里牙膏筒贴图的坐标调整设置值。

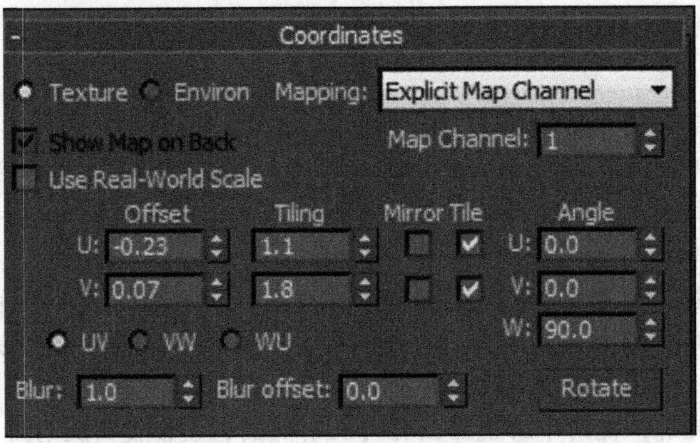

图 4-25 坐标展栏（牙膏筒贴图参数设置）

2. UVW 贴图（UVW Map）

UVW 贴图是比较常用的一种贴图修改器，该修改器有多种贴图坐标类型，根据对象的不同，可以从中选择合适的一种，如图 4-26 所示。UVW 贴图提供了 Planar（平面）、Cylindrical（柱形）、Spherical（球形）、Shrink Wrap（收缩包裹）、Box（长方体）、Face（面）、XYZ to UVW 这几种贴图坐标。平面适用于墙面、地面等面状物体；柱形适用于花瓶、柱子等柱状物体；球形能将贴图沿着球体表面映射到物体上，适用于球状物体；收缩包裹类似于球形，球形将贴图收缩于两点，而收缩包裹可将贴图收缩于一点；长方体适用于方形物体；面是根据组成物体表面的多边形生成贴图坐标，每个多边形被指定一张贴图。具体效果如图 4-27 所示，其中橘黄色边框为 Gizmo，可以移动、旋转、缩放 Gizmo 来调整贴图位置、角度和贴图方式。

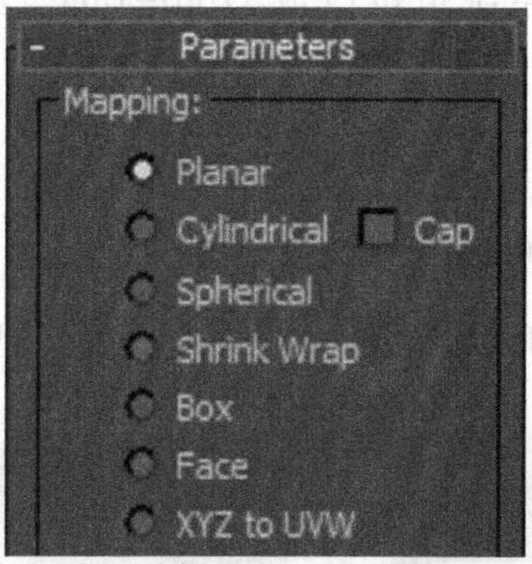

图 4-26　UVW 贴图坐标

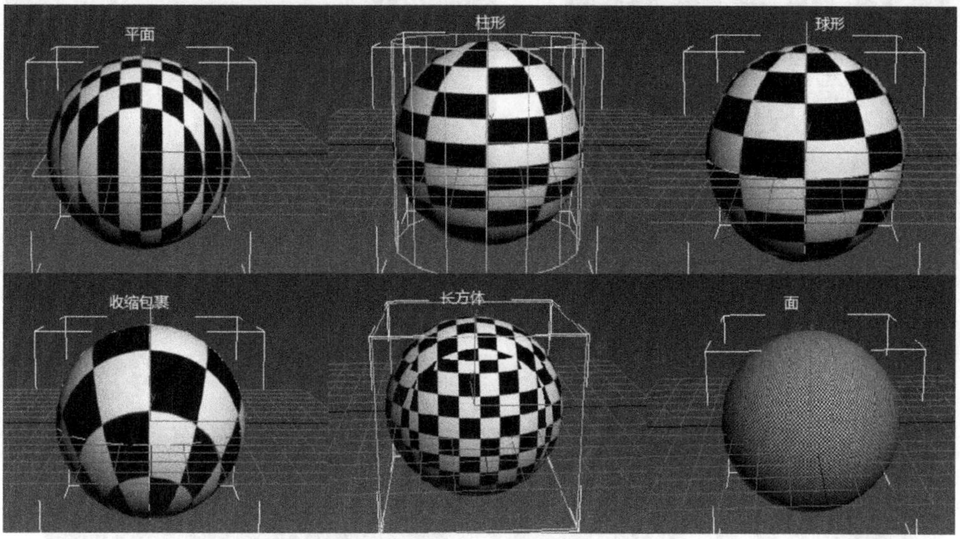

图 4-27　各种类型的贴图坐标效果

3. UVW 展开

当模型比较复杂并且贴图坐标不规则的时候，用 UVW 贴图就不够了。UVW 展开修改器可以将贴图坐标展平，从而对展平的平面进行绘制，或者将一张现有的贴图贴到模型的各个部分。下面以一个小实例讲解 UVW 展开的处理方法。

✂实践演练

在这个小实例中，制作一个较为真实的贴图——十滴水的包装盒。

（1）新建一场景，将系统单位改成 1Unit=1cm，如图 4-28 所示。

扫一扫，看视频

（2）在场景中新建一个 BOX，将其命名为 BOX，规格是 8×3×5.5，并将其转变成可编辑多边形。进入到子级别，单击 Element（元素）级别，使子物体的所有面都处于被选中状态，如图 4-29 所示。

图 4-28　设置单位

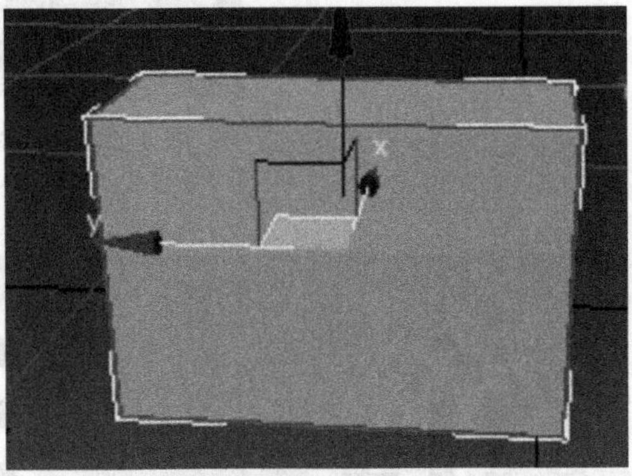

图 4-29　选中元素级别

（3）在修改器列表中添加UVW Map，从贴图坐标里选择Box Mapping，如图4-30所示。

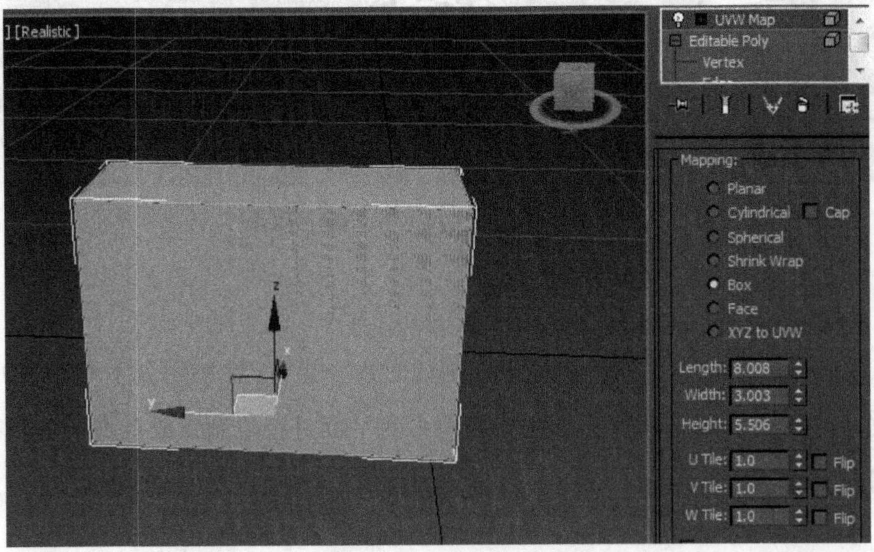

图 4-30　UVW 贴图

（4）右击 UVW 贴图并从下拉菜单中选择 Collapse All（塌陷所有），在弹出的对话框中单击 Yes 按钮即可，如图 4-31 所示。

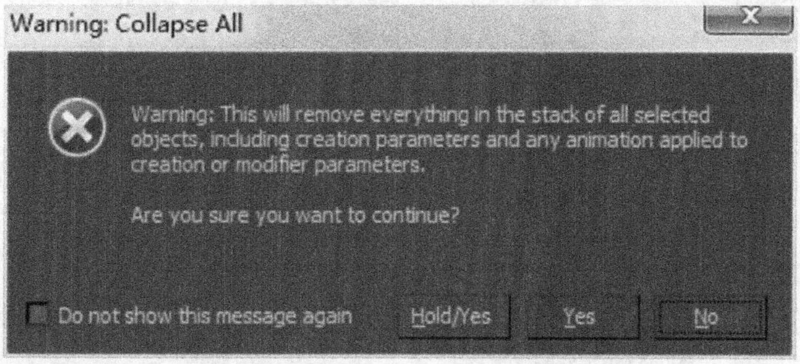

图 4-31　塌陷

（5）继续选中该物体，按快捷键【M】进入材质编辑器，在漫反射通道里为其指定贴图并显示出来，如图 4-32 所示，最终效果不尽如人意。

图 4-32　指定贴图并显示

（6）让每个面都显示正确的贴图。在修改器中为该模型添加 UVW 展开命令，并进入到 Open UV Editor（UV 编辑器），如图 4-33 所示。UV 编辑器的使用方法这里不再赘述，请参考帮助文件，这里只讲一些有助于正确贴图的方法。

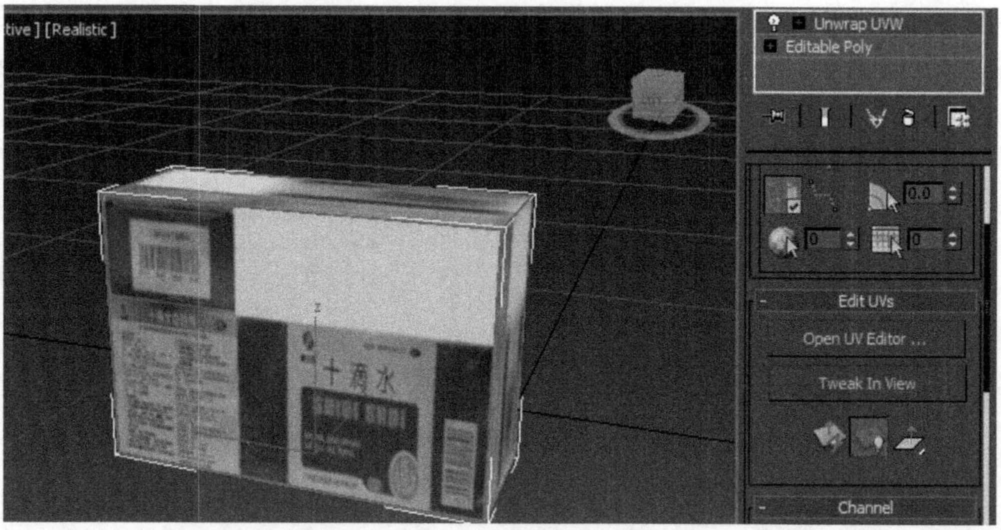

图 4-33　UVW 展开

（7）在 UVW 编辑器的右上角选择贴图，使贴图显示在场景中，如图 4-34 所示。

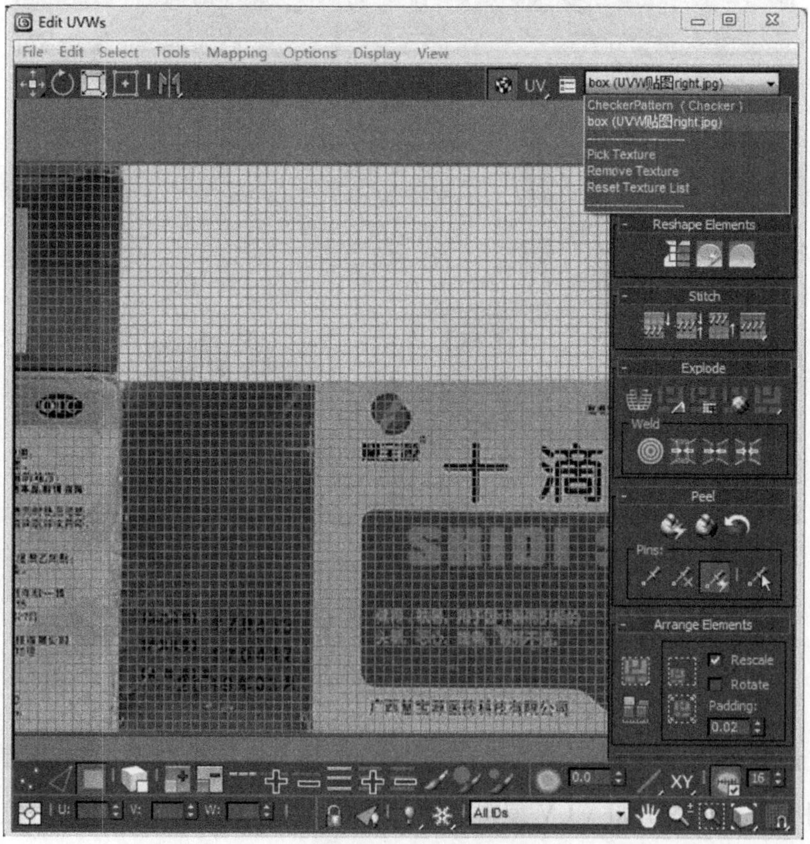

图 4-34　UVW 编辑器界面

（8）UVW 展开有几个子级别：点、线和面，在这个例子中只需要用到面级别，并选中模型的一个正面，如图 4-35 所示。

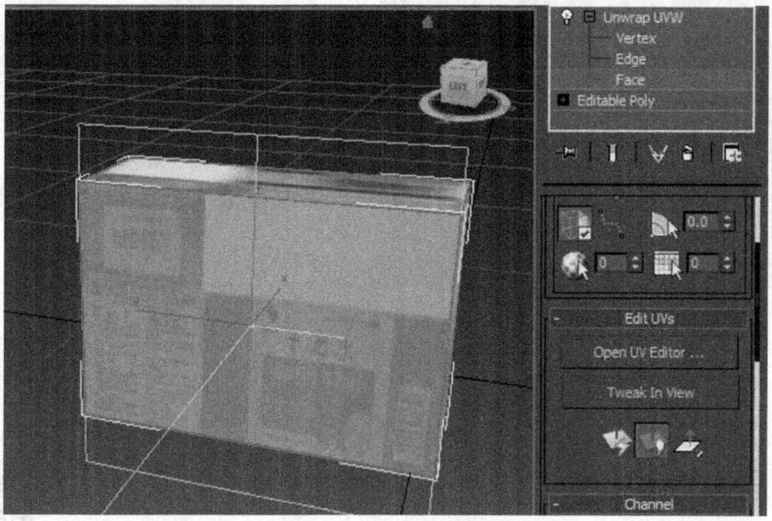

图 4-35　选择面级别

（9）此时，可以移动下 UVW 编辑器内的对应面，在视口中出现了贴图的变化。通过工具栏中的（从左到右依次是选择并移动、旋转、缩放、自由变形和镜像）图标对面进行缩放及移动操作，使其位于正确的位置，如图 4-36 所示。

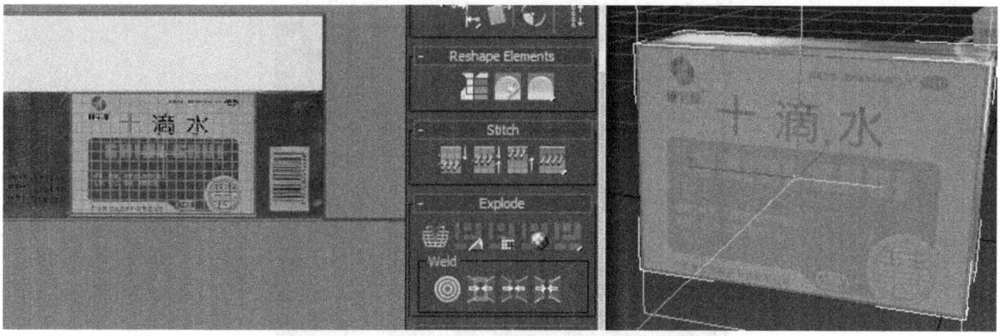

图 4-36　对面进行操作

（10）使用相同的办法，先选择视口中的面，再对这些面进行缩放、移动操作，使其对应到相应的贴图，效果如图 4-37 所示。

（11）在快速渲染前，可以将 Global Lighting Ambient（全局照明环境光）设为 150，Tint（染色），全局照明颜色设置为接近于白色（大概在 230 左右）。这样，可以在渲染时让物体更加突出，如图 4-38 所示。

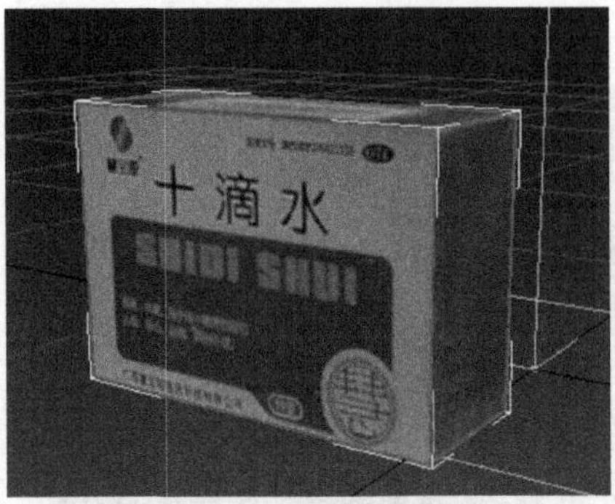

图 4-37 视口效果

图 4-38 最终效果

4.3 材质贴图案例

该案例将使用第 3 章中的模型，并在此基础上完成一些周边环境的布置。

扫一扫，看视频

（1）在材质编辑器中选定一材质小球，为 Diffuse（漫反射）通道指定名为“树”的贴图，并在 W 方向转动 90°，如图 4-39 所示。

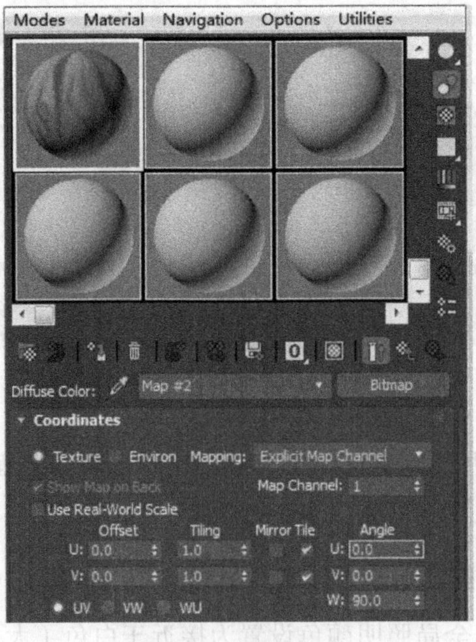

图 4-39 位图贴图

（2）酒桶的材质。为了贴图方便，先将酒桶解组。分别选定酒桶盖中各个部分，为其指定相应的 UVW Map（UVW 贴图）。这几块酒桶盖的 UVW 贴图类型可选择 Box（立方体）。并修改长、宽、高以适应模型大小。

（3）将该材质赋给酒桶盖，效果如图 4-40 所示。

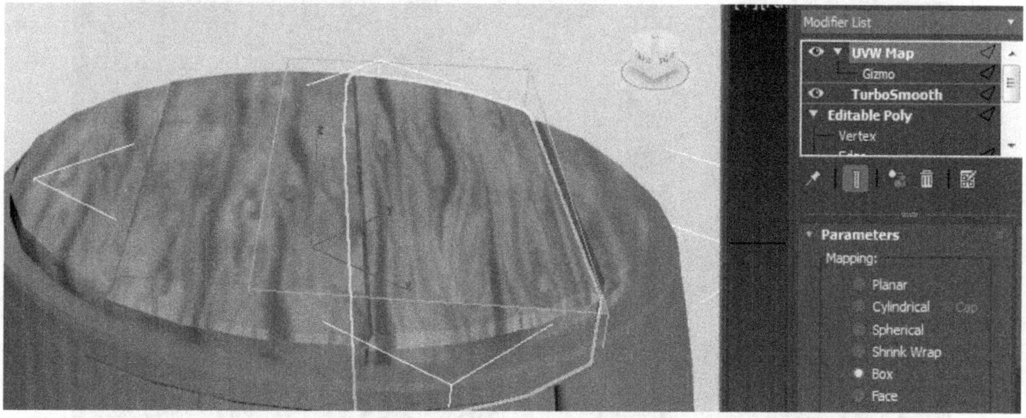

图 4-40　酒桶盖的效果

（4）为酒桶上的弯料木板添加 UVW Map，将类型选为圆柱体，如要将每块木板的贴图贴得不一样，可以修改长、宽、高的值以及 U/V/W 方向的重复数。用同样的方法给桶箍及底座赋材质。最终效果如图 4-41 所示。

图 4-41　酒桶效果图

（5）树桩的材质。树桩侧面与顶部的材质是不一样的，因此，本案例将采用多维 / 子材质作为材质基础。返回到树桩的 Edit Poly（编辑多边形）修改器，可看到树桩顶部多边形的材质 ID 是 1，侧面的材质 ID 是 3。如材质 ID 不统一，可以事先设置一致。在此基础上，为该树桩添加 UVW Map 修改器，将类型改为圆柱体，并选中 Cap（封口）选项，如图 4-42 所示。

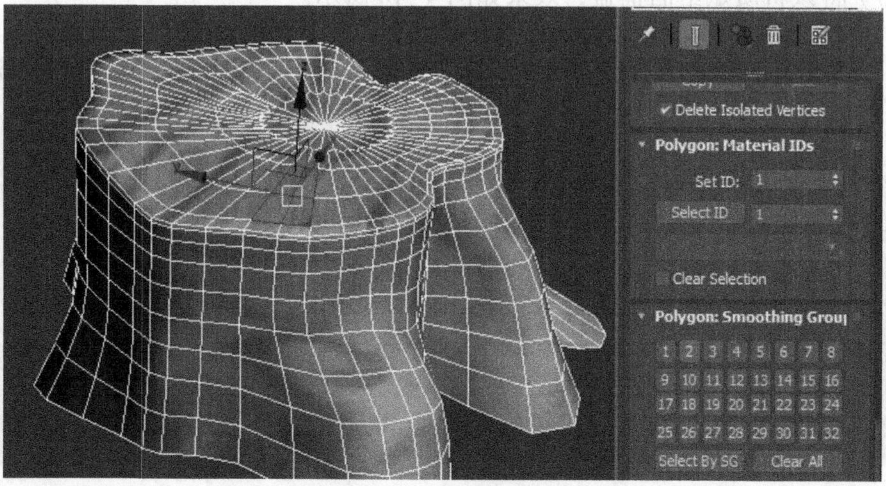

图 4-42　查看材质 ID

（6）选定一材质小球，重命名为 tree。将普通材质替换为多维子材质，并为每个 ID 设置各自的贴图，如图 4-43 所示。

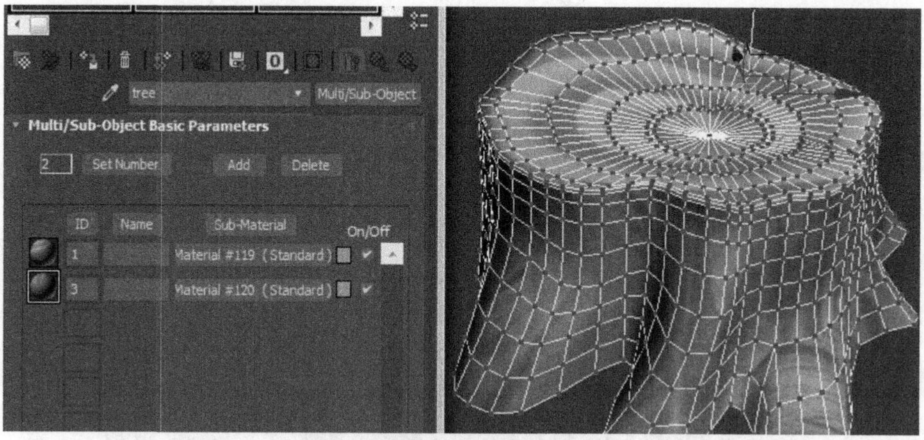

图 4-43　多维子材质及贴图

（7）为场景添加一些灌木丛和枯树枝。为了减少面数，灌木丛和枯树枝都采用 Plan（平面）加透明度贴图的方式完成。首先创建一个段数是 1 × 1 的平面，将其转换成可编辑多边形，为该多边形赋上一个不透明度贴图，如图 4-44 所示。为了让背面也可以清楚地看到灌木的样子，将双面材质勾上，并设置一点自发光的值，使其看起来更自然，如图 4-45 所示。

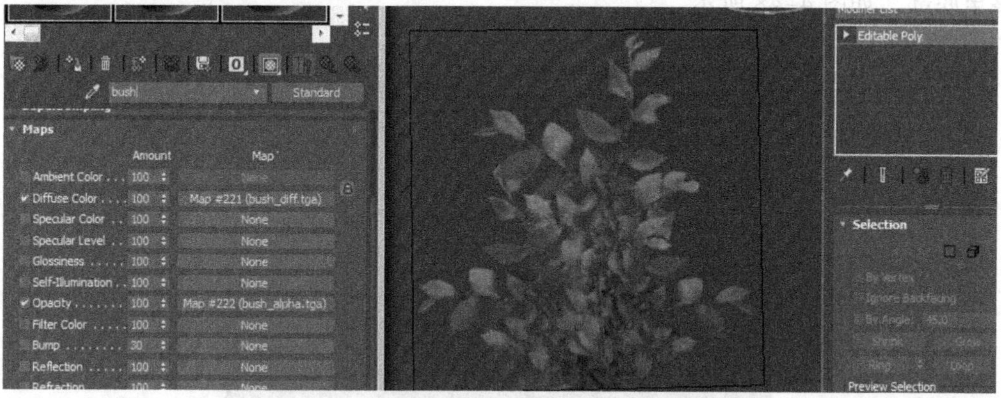

图 4-44　不透明度贴图

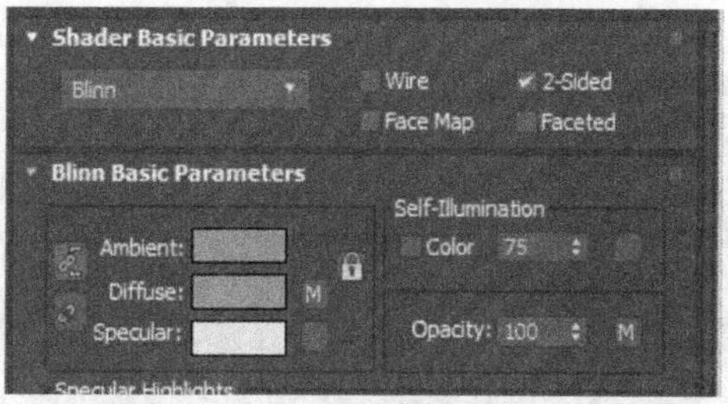

扫一扫，看视频

图 4-45　设置双面材质和自发光

（8）将轴心点移至多边形底部，绕着底部进行旋转复制，最终效果如图 4-46 所示，确保从各个角度都能自然地观察到该灌木丛。

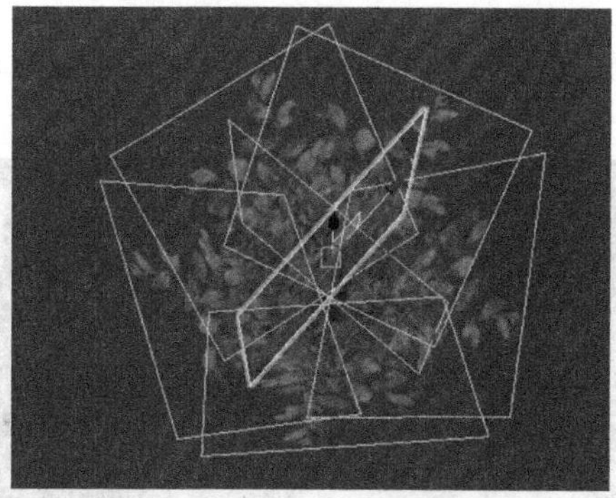

图 4-46　旋转多边形

（9）采用普通复制方法复制出一个多边形，将其切割成如图 4-47 所示的多边形，对几个点进行调整，使该多边形呈现一定的弯曲程度。将该多边形的轴心点调整至底部，如图 4-48 所示。

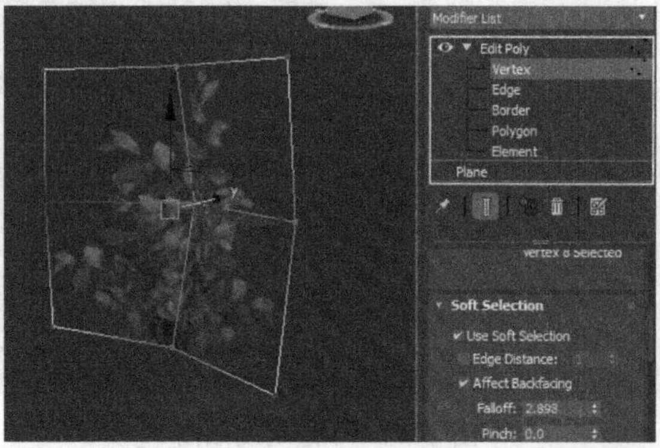

图 4-47　编辑多边形

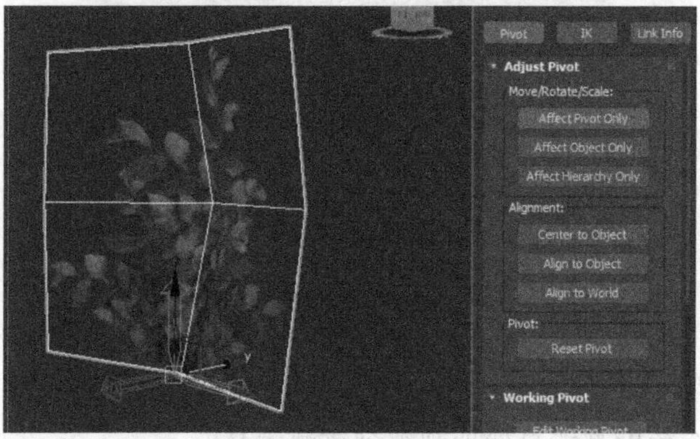

图 4-48　调整轴心点

（10）旋转复制两份，使其环绕着灌木，最终效果如图 4-49 所示。

图 4-49　灌木效果图

（11）用同样的方法制作出干灌木丛的模型，最终整个场景如图 4-50 所示。

图 4-50　合成图

4.4 课堂练习

（1）为前几章节里的模型赋上合适的材质贴图。

（2）结合 UVW 贴图和 UVW 展开，完成如图 4-51 所示场景的材质贴图。

图 4-51　UVW 展开贴图

4.5 思考题

（1）什么是菲涅尔效应？

（2）材质编辑器有几种模式？分别是什么？

（3）什么是热材质和冷材质？

（4）如何指定编辑好的材质给模型？

（5）材质和贴图有什么关系？

第 5 章
摄像机与灯光

本章学习目标

- 掌握摄像机的基本属性与布设
- 理解灯光的原理及基本属性
- 针对不同的场景能选用合适的灯光
- 掌握光能传递的原理

5.1 摄像机基础

一幅好的效果图需要合适的观察角度，摄像机就是用于调整场景视角的工具。在没有设置摄像机之前，场景的角度是由视口视角决定的，这样不仅视角不固定，而且很难实现一些特殊的摄像机效果。而利用摄像机，不仅有利于观察场景，可切换多个视角，同时可以制作一些摄像机动画，还可以模拟现实摄像机的效果。

5.1.1 摄像机属性

真实世界中的摄像机有很多关键属性，例如焦距、视场角，这些属性都是产生视角变化、透视变化的根本属性。

1. 焦距

相机、摄像机的镜头是一组透镜，当平行于主光轴的光线穿过透镜时，会聚到一点上，这一点就叫作焦点。焦点到透镜中心的距离称为焦距（Lens），通常用毫米来表示。焦距决定了拍摄范围的大小，焦距越大，拍摄范围越小，场景中细节描述得越清楚；焦距越小，拍摄范围越大，包含的场景越多。通常，50mm 为标准镜头，大于该值的为长焦或远焦镜头，小于该值的是短焦或广角镜头。

2. 视场角

上面提到的拍摄范围可用角度表示，这个角度称为视场角，或视角（FOV）。大家看到镜头规格表里的视角说的是对角线视角，指的是相对于成像面的对角线可以拍摄多少的范围。影响视场角的因素有焦距、拍摄距离等。

这些属性相互关联，决定了画面的景别与透视。景别是画面表现被摄对象的空间范围，例如远景、全景、中景、近景、特写等，从而勾勒出丰富多彩的画面元素。长焦距减少透视扭曲，而短焦距强调透视的扭曲，使对象朝向观察者看起来更深更模糊。

这些关键属性也是三维摄像机的基本参数，其他参数不再赘述。

5.1.2 摄像机类型

了解了摄像机的基本属性，再来看看摄像机的类型。不同于真实世界中的摄像机，三维空间中的摄像机包含两种：Target（目标摄像机）和 Free（自由摄像机）。目标摄像机有一个目标点，适用于打造场景角度、制作一些环绕动画等；自由摄像机没有目标点，适用于制作一些浏览动画。

1. 目标摄像机

创建目标摄像机时会产生两个点：一个是摄像机自身所在的位置；另一个是目标点，如图 5-1 所示。移动摄像机，摄像机始终会面向目标点，摄像机视图中始终会出现目标对象，因此，当目标点确定时，用目标摄像机更适合，例如一些静物场景的制作。要将一个视图转变成摄像机视图，只需按快捷键【C】即可。当要在一个场景视角确定的基础上创建摄像机时，按组合键【Ctrl+C】，此时，可以在不改变任何视角的情况下创建一个目标摄像机。

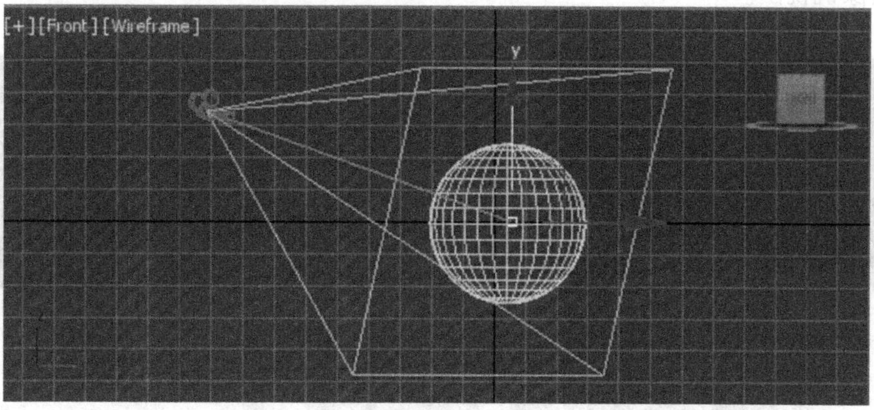

图 5-1 目标摄像机

2. 自由摄像机

创建自由摄像机时只有一个图标，即摄像机本身，它没有目标点。自由摄像机可以直接观看摄像机瞄准的方向。因此，用于制作一些摄像机浏览动画非常方便，如图 5-2 所示。

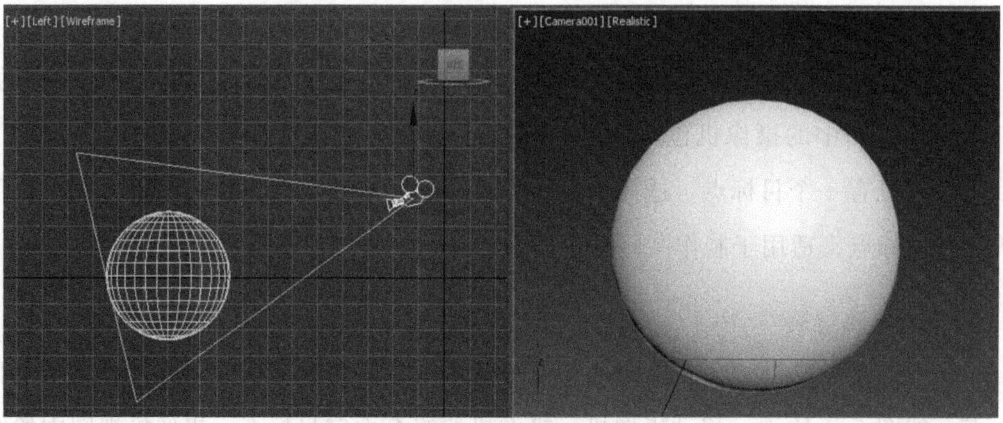

图 5-2　自由摄像机

实践演练

（1）打开“摄像机静帧与动画 .max”，可以看到一个游戏场景，如图 5-3 所示，选定一个合适的角度，按组合键【Ctrl+C】，新建一目标摄像机，并将当前的透视图改成摄像机视图。

图 5-3　游戏场景静帧

（2）接下来将制作一段摄像机环绕着建筑群运动的动画。首先进入 Create（创建）Helpers（辅助）Dummy（虚拟物体）菜单，在顶视图中为建筑群新增一虚拟物体（该虚拟物体将作为摄像机的注视点），可以将虚拟物体放置于中心位置，并到 Front 视图调整其位置。

（3）新建一圆环，使其环绕着建筑群，该圆环将作为环绕动画的路径，如图 5-4 所示。

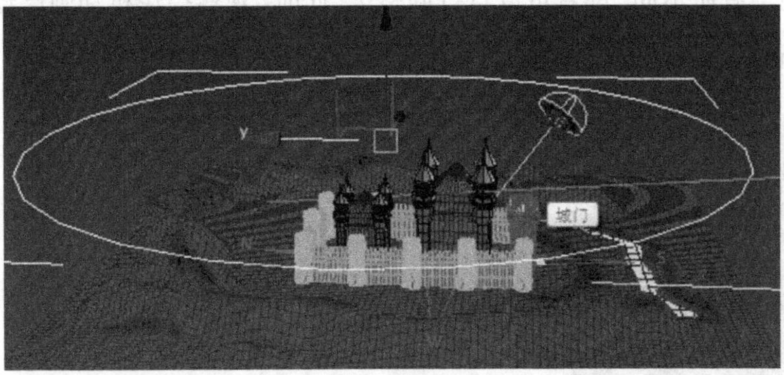

图 5-4　制作路径

（4）进入 Create（创建）>Cameras（摄像机）>Free（自由摄像机）菜单，在前视图或左视图中单击创建一自由摄像机。

（5）选中该摄像机，进入 Animation（动画）>Constraints（约束）>Path Constraint（路径约束）菜单，再单击路径，可以看到摄像机被约束到路径上，但方向不对，如图 5-5 所示。

图 5-5　摄像机路径约束

（6）再次进入 Animation（动画）>Constraints（约束）>Look At Constraint（注视约束）菜单，选取注视的虚拟物体，此时鼠标后面仍然会有一条虚线相随。如很难选择虚拟物体,可以单击工具栏中的“根据名称选择”按钮,找到虚拟物体。此时，摄像机的注视点还是不太对，需要再次调整参数。

（7）进入 Motion（运动面板），将 Look At Axis 改成 Z 轴（Flip），Source Axis 改成 Y 轴，Aligned to Upnode Axis 改成 Z，如图 5-6 所示（由于打摄像机的视图不同，此参数可能会有所不同，读者可以自行调整）。此时，观察摄像机动画已经非常流畅，如图 5-7 所示。

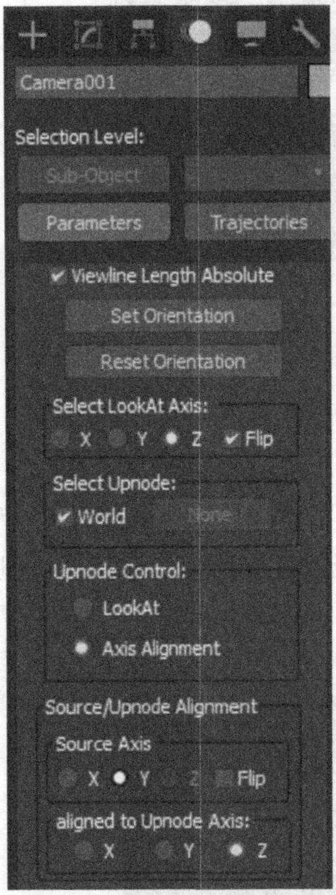

图 5-6　设置运动面板参数

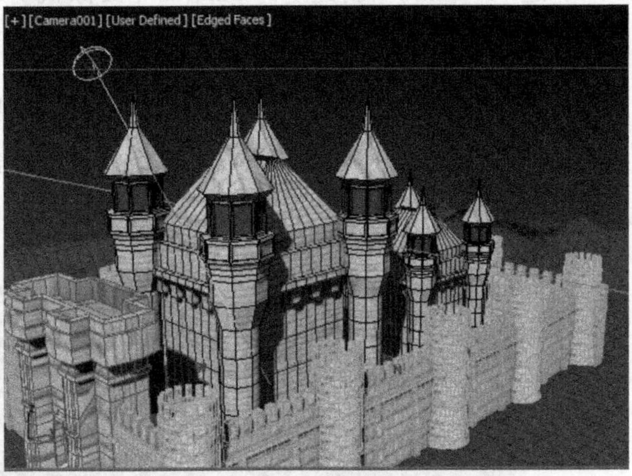

图 5-4　摄像机动画效果

5.2 灯光

5.2.1 灯光原理

灯光是照明、烘托场景氛围、产生层次感的一个非常重要的因素，要想了解三维世界里的灯光，先要理解三维里的灯光原理。在现实世界里，灯光有光反射、漫反射、辐射、光能传递、透视等特性，而在 3ds Max 里，灯光要直接做到这些会耗费大量的内存，影响运算速度。因此，三维空间里的灯光是没有辐射性质的，即灯光不会扩散。要想实现上述的其他效果，必须进行一些特殊的设置，有些效果甚至需要材质的配合才能实现。灯光有许多基本属性，这些属性有助于理解灯光的基本参数。

1．颜色

颜色也称为光色，不同的灯会产生不同颜色的灯光。例如，太阳光是黄一白光，钨丝灯会产生橘黄色的光。不同颜色的光叠加服从加色法的原理，红光 + 绿光 = 黄色，红光 + 蓝光 = 紫色，蓝光 + 绿光 = 青蓝光，如图 5-8 所示。因此，光的颜色对场景的氛围影响很大。

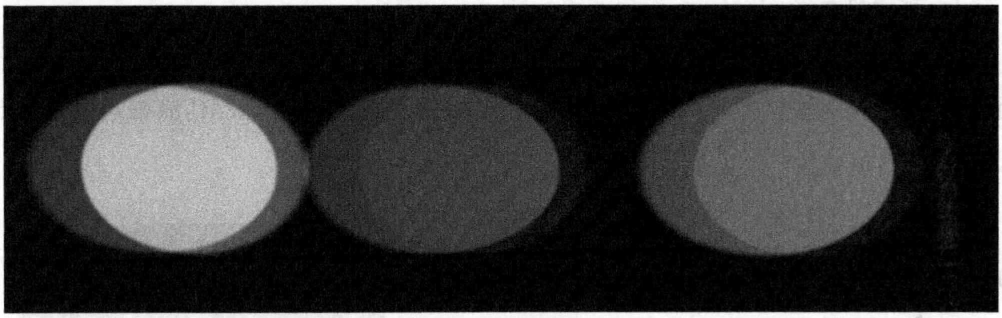

图 5-8　加色法

2．色温

色温是光谱成分的标志，对黑体进行持续加热到一定温度所发出来的光颜色不同。色温使用开尔文为单位，用于描述光源颜色及其他接近白色的颜色值。色温随着温度升高变化的顺序依次为红、黄、白、蓝，可见，色温越高，画面越偏蓝，色温越低，画面越偏红。

3．亮度

在物理学上，亮度是一个比较复杂的概念，它是指被照物体单位面积上的发光强度。光源照在物体上强弱一般用照度表示，物体反射光到眼里的强弱用亮度表示。在三维软件里，一般直接用亮度表示。

4．衰减

在真实世界中，光线会随着距离的增加而逐渐减弱，包括纵向和横向，物体离光源越远越暗，这就是衰减。

5.2.2 灯光类型

在没有添加任何灯光前，场景中的物体也是可见的，这是因为系统使用了默认的灯光系统。默认一般有两盏灯，一盏灯位于场景的左上角，另一盏灯位于场景的右下方。这两盏灯会跟随视角发生变化，当然也可以在配置窗口中将其设置为一盏场景灯。如果要模拟真实的灯光，就需要添加不同类型的灯，3ds Max 提供了两种类型的灯光：标准灯光和光度学灯光。具体需要添加哪种类型的灯光，取决于场景是模拟自然光还是人工光。

1. 标准灯光

标准灯光基于计算机的模拟灯光对象，如室内的灯光、路灯、舞台用灯光等。标准灯光不具有基于物理的强度值，只是模拟现实灯光，因此，其渲染速度快，比较适合于动画场景。

3ds Max 的标准灯光包括 Target Spot（目标聚光灯）、Free Spot（自由聚光灯）、Target Direct（目标平行光）、Free Direct（自由平行光）、Omni（泛光）、Skylight（天光）、mr Area Omni 和 mr Area Spot，如图 5-9 所示。

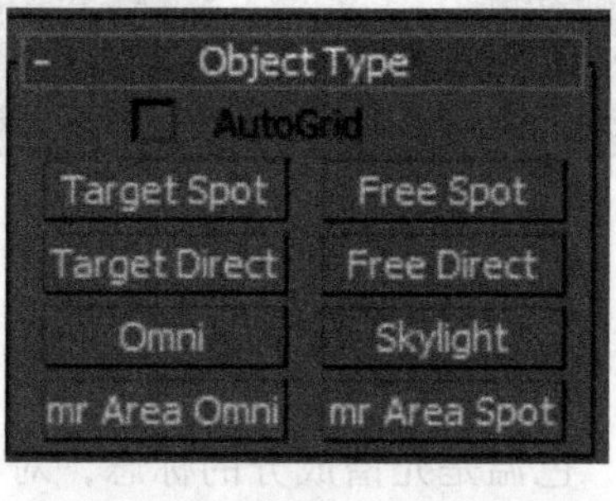

图 5-9 标准灯光设置

目标聚光灯能投射出聚集光束，其创建方式与创建摄像机类似。目标聚光灯有两个点：起始点及目标点。起始点是灯所在的位置，目标点就是要照射的物体。与目标聚光灯不同，自由聚光灯没有目标点，用户可以通过旋转、移动自由聚光灯来调整其位置和方向。它通常被连在摄像机上用以照明摄像机前面的场景，多用于漫游动画。目标平行光也有两个点：起始点和目标点，与目标聚光灯不一样的是，平行光中的光线是平行的而不是呈圆锥形发散出去的。自由平行光没有目标点，移动或旋转它可指向任何方向，可用于制作漫游动画。泛光灯是从单个光源向四周投射光线，没有方向性，它的主要作用是作为辅光，用以照亮整个场景。

2．光度学灯光

光度学灯光使用光度学值，使用户可以像使用真实世界中的灯光一样定义灯光，包括强度、色温、分布等。利用光度学灯光，结合光域网和光能传递，可以达到逼真的室内光影效果。光度学灯光包括 Target Light（目标灯光）、Free Light（自由灯光）和 mr Sky Portal（mr 天空门户），另外，系统面板下的 Daylight（日光）和 Sunlight（太阳光）也属于光度学灯光。设置面板如图 5-10 所示。

图 5-10　光度学灯光设置

除了这几种灯光，Vray 渲染器提供的灯光效果非常出众，由于篇幅限制，读者可查看相关的资料并加以练习。

5.2.3　灯光的参数

不同的灯光具有不同的参数，这里以标准灯光的目标聚光灯为例，解释一些常用的参数。这些参数包含 General Parameters（常规卷展栏）、Intensity/Color/Attenuation（强度 / 颜色 / 衰减）、Spotlight Parameters（聚光灯参数）、Advanced Effects（高级参数）、Shadow Parameters（阴影参数）、Atmospheres & Effects（大气与效果）等，如图 5-11 所示。

1．常规参数

常规参数卷展栏中是一些基本参数，主要控制灯光的开关、类型、影响与否等，如图 5-12 所示。

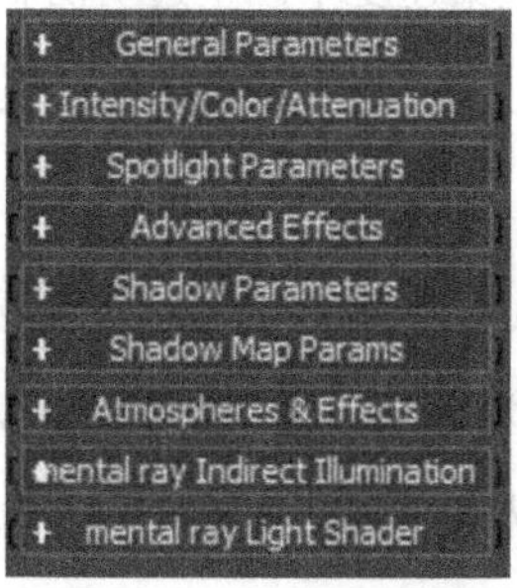

图 5-11　灯光参数面板

图 5-12　常规参数卷展栏

（1）On（启用）：启用或禁用灯光。

（2）Target（目标）：是否在场景中显示目标点。

（3）Shadows（阴影）：控制在光照状态下是否产生阴影。

① On（启用）：是否启用阴影。

② Use Global Settings（使用全局设置）：选中该复选框可以使用该灯光投射阴影的全局设置。禁用此选项可启用阴影的单个控件。

③ Shadow Map（阴影贴图）：这是一个下拉列表，提供了几种灯光照射阴影的方法。各种阴影贴图的优缺点及适用场合见表5-1。在这些贴图中，阴影贴图最常用，它经常和阴影贴图参数卷展栏结合起来使用。

表5-1 各种阴影贴图的优缺点对比

阴影类型	优　点	缺　点
Adv.Ray Traced（高级光线追踪）	比光线跟踪阴影参数控制要多些，能实现更多的效果；支持透明度和不透明度贴图	渲染速度慢，不支持柔和阴影，边角相对较硬。
Area Shadow（区域阴影）	最真实的阴影类型，可以产生真实的软阴影效果；对系统资源要求低	渲染速度最慢
Mental Ray Shadow Map（Mental Ray 阴影贴图）	更适合于 Mental Ray 渲染器	不如光线跟踪阴影准确
Ray Traced Shadows（光线追踪阴影）	能产生边缘非常清晰的阴影，支持透明度和不透明度阴影，如果不存在动画，只处理一次。常用于模拟阳光的效果	比阴影贴图慢，不支持柔和阴影
Shadow Map（阴影贴图）	支持柔和阴影，如不存在动画，只处理一次；渲染速度最快的阴影类型	占用系统资源大，不能产生透明阴影及软阴影效果。最好配合阴影贴图参数使用

2．强度/颜色/衰减

强度/颜色/衰减卷展栏主要用于设置灯光的强度、颜色、衰减等，如图5-13所示。上方的Multiplier（倍增器）用于控制灯光的强度，该值越大，灯光越强；值成负数，会有吸光的效果。右侧的白色方块是灯光的颜色，默认情况下灯光是白色的。

灯光的衰减是指灯光由强变弱或由弱变强的过程。一般来说，衰减有两大类：

范围衰减和方向衰减。泛光灯之类的点光源没有方向衰减，聚光灯类的方向性光源才有方向衰减。距离衰减分为两种：Decay（真实的衰减）和手动调整的衰减。

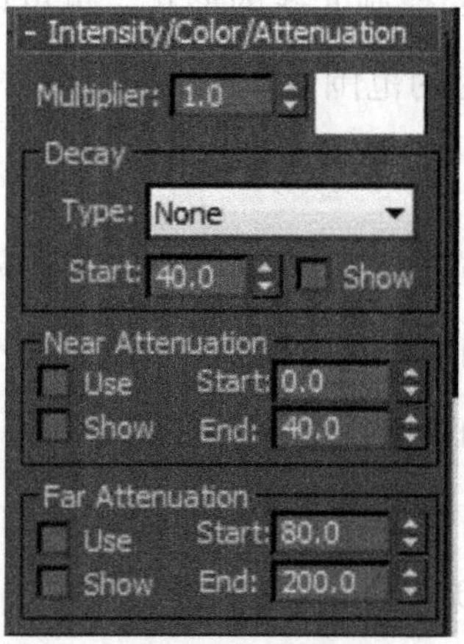

图 5-13 强度 / 颜色 / 衰减卷展栏

（1）Decay（衰减）：用于设置在照射方向上的衰减，共有三种类型：None（无衰减）、Inverse（反比例衰减）、Inverse Square（反比例平方衰减）。反比例平方衰减的效果非常明显，灯光会迅速衰减至 0。Start 为衰减起始处，可以手动调节。

（2）Near Attenuation（近处衰减）：用于实现灯光由弱变强的效果，其范围由 Start 和 End 控制，这是一种能够手动控制衰减程度的衰减参数。

（3）Far Attenuation（远处衰减）：用于实现灯光由强变弱的效果。

3. 聚光灯参数

在聚光灯参数中可通过 Hotspot/Beam 和 Falloff/Field 两个值控制衰减的范围，如图 5-14 所示。

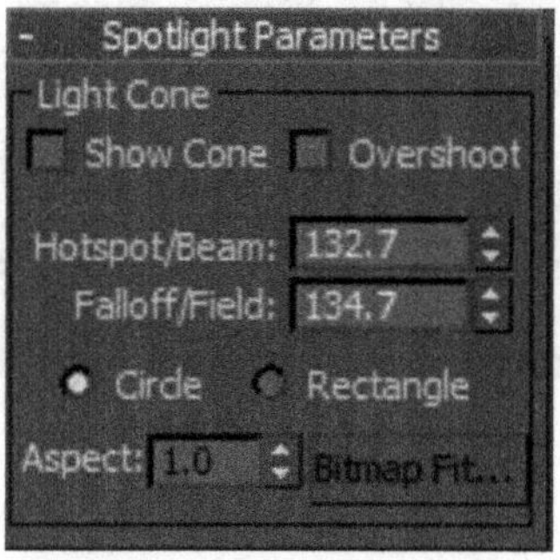

图 5-14 聚光灯参数

（1）Hotspot/Beam 和 Falloff/Field：用以控制光束大小及横向的衰减，衰减越大，光束从最亮的中心区域向周边过渡越自然。

（2）Circle 和 Rectangle：控制光线的形状，也可以在下面的 Bitmap Fit 中用一张位图的灰度值控制光线照射的范围。

4．高级参数

高级参数面板中可以设置对比度、灯光影响的范围等，如图 5-15 所示。

（1）Affect Surfaces（影响曲面）：控制灯光对曲面的照射情况，Contrast（对比度）越大，边界越清晰；Soften Diff.Edge（柔化漫反射边）越大，边界越柔和。Diffuse（漫反射）、Specular（高光反射）、Ambient Only（仅环境光）三个复选框分别表明灯光是否影响到物体的亮部、高光和暗部。

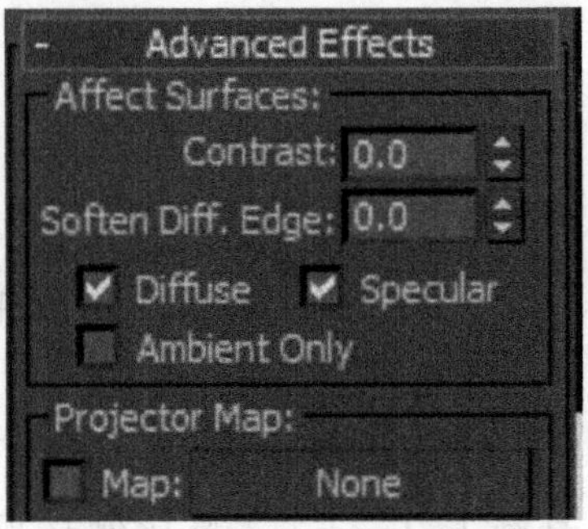

图 5-15　高级参数

（2）Projector Map（投影贴图）：可以设置一张位图为灯光的照射范围，它类似于不透明度贴图，在这里，白色被视为完全透明，黑色为完全不透明。比较适用于做一些剪影、幻灯片效果。

5．阴影参数

阴影参数可以设置阴影的颜色、强度、阴影的贴图等，如图 5-16 所示。

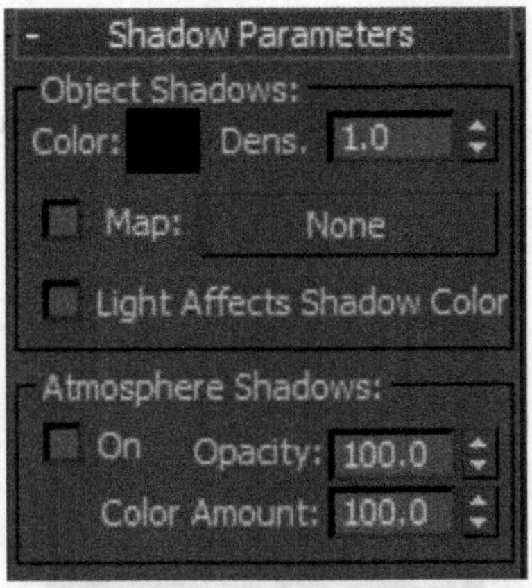

图 5-16　阴影参数

6. 阴影贴图

阴影贴图卷展栏用于调整阴影贴图的参数。Bias（偏移）用于调整灯光所产生的阴影位置与实际应该产生阴影位置之间的距离；Size（大小）调整阴影贴图的精度；Sample Range（采样范围）用来控制阴影贴图边界的羽化程度，羽化程度越高，速度越慢。

光度学灯光除 Light Distribution（Type）、Intensity/Color/Attenuation（强度 / 颜色 / 分布）和标准的灯光面板不同外，其他参数基本相似，如图 5-17 和用 5-18 所示。这些是光度学灯光的附加参数。Distribution 下拉列表里是灯光的照明方法：Photometric Web（光域网）、Spotlight（聚光）、Uniform Diffuse（统一漫反射）、Uniform Spherical（统一球形）。其中光域网是一种外置文件，其扩展名为 *.ies，该文件决定了灯光的照明强度、衰减和形状。在 Color 面板里，可以选择跟现实生活中一致的灯光类型，还可以设置 Filter Color（过滤颜色），该参数可以控制灯光颜色，但对场景的颜色影响没有标准灯光来得明显。Intensity（强度）面板用于控制灯光强度，其单位是流明，该值一般为 200~5000 之间。

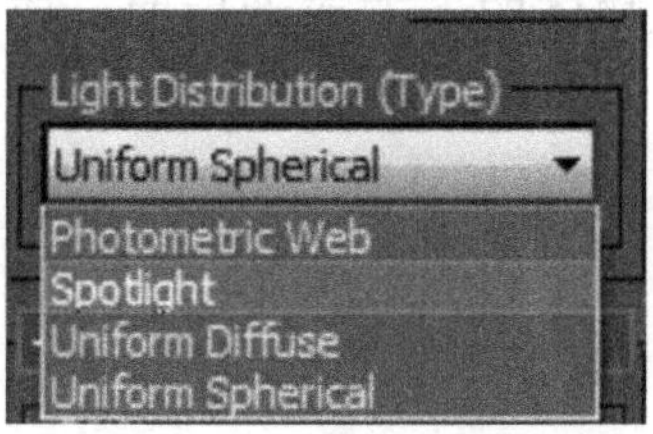

图 5-17　光度学灯光的卷展栏

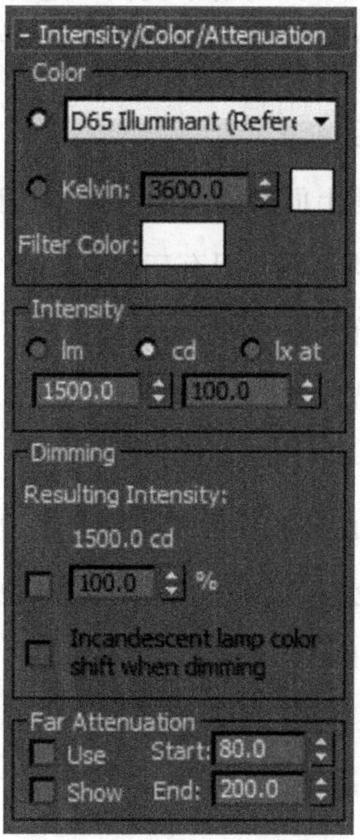

图 5-18　强度 / 颜色 / 分布

5.2.4 灯光的布设

合理的布光才能呈现完美的光照效果。在准备布光前，需要注意以下几个问题。

1. 具体的场景环境类型

通常情况下，场景灯光分为三种：自然光、人工光或者两者结合。自然光有日光、太阳光等，最具代表性的当属太阳光。此时，应明确场景的地域、当前的时间段、有无云层或光的反射等元素。人工光的使用场合非常多，电灯、蜡烛、街灯等，需要考虑光源在哪里、光的颜色、光的强度及质量。还有一种情况就是自然光和人工光的结合，在自然光照情况下，有时也需要人工光辅助帮助减弱阴影或者重点烘托某个物体等。

2. 布光的目的

灯光具有照明、烘托场景氛围、产生层次等作用。在一些简单的场景中，布光的目的就是为了清晰地看到几个模型，起到照明的作用。但在一些大场景环境下，实际目的可能相当复杂。此时，需要注意灯光有没有引导用户的眼睛，将视线吸引到特定的位置，并为场景提供一定的景深，从而丰富画面的层次感。同时，根据场景的氛围，应该注意所设置的灯光是否可以增进故事情节、起到烘托氛围的作用。

3. 三点布光法

充分考虑上面的两个问题后，就可以创建灯光了。针对不同的场景，光源的类型、数量都会有所不同，但有三种灯光经常会被用来布设各种场景：主光、辅光和背光，也称为三点布光法。

（1）主光。在一个场景中，照明的主要光源通常称为主光，或称关键光。主光不一定只有一处，也未必都在一个地方，但它发挥了主要的照明作用。主光一般位于观察者（通常是摄像机）一侧的15°~45°，并与水平视线呈15°~45°，如图5-19所示。根据实际场景的需要，光源也可来自物体的下方或者后面，或者其他位置，从而获得初步的灯光效果。

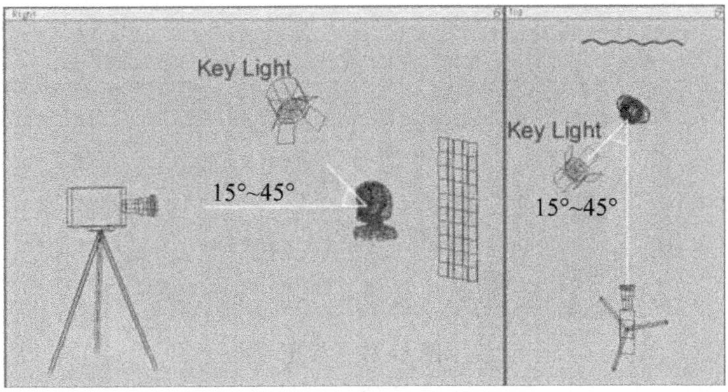

图 5-19　主光的打法

（2）辅光。主光布完后会留下较暗的区域或者阴影，此时需要用辅光来补充，从而打造有景深的逼真效果。辅光一般处于与主光相反的角度上，也就是说如果主光在左侧，辅光应该在右侧。但是不必使主光与辅光 100% 对称。辅光要到达物体的高度，但是应该低于主光。主光与辅光的亮度比可以选 2 ∶ 1，此时，可以获得较好的效果。

模拟辅光的一种办法是用天然漫反射—环境光，但环境光会提高整个场景的亮度，使场景不逼真。另一种办法是用聚光灯或泛光灯来模拟，此方法可减少阴影区域，并能补充一些主光不能到达的地方的亮度，如图 5-20 所示。

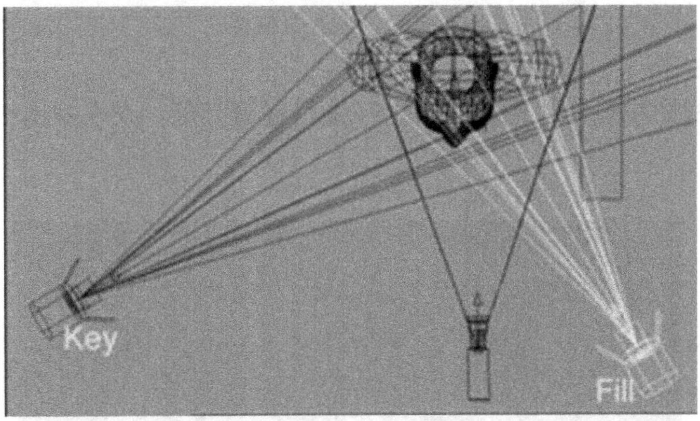

图 5-20　辅光

（3）背光。背光也称为边缘光，其目的是给物体加一条“分界边缘”，从而使其从背景中分离出来。通常放在主光的正对面，对边缘起作用。背光决不是背景光，它的全部功能就是在物体顶部或边缘产生光边，如图 5-21 所示。

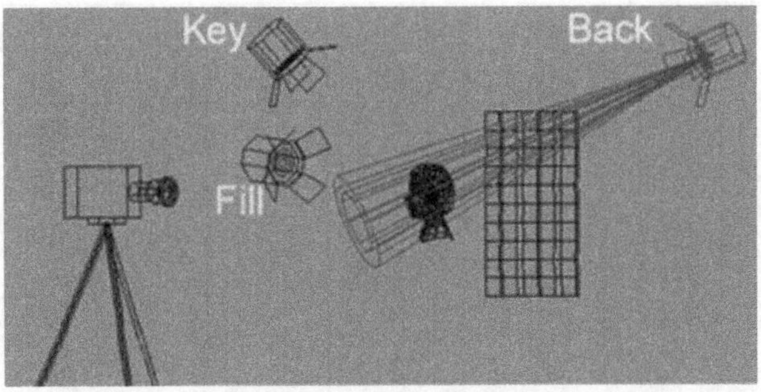

图 5-21　背光

✂实践演练

扫一扫，看视频

（1）打开“三点布光法 .max”，在透视视图中调整好一个角度，按【Ctrl+C】组合键，创建一目标摄像机作为注视点，如图 5-22 所示。

图 5-22　设置摄像机

（2）在顶视图中摄像机的一侧打上一盏目标聚光灯，在左视图中调整高度，如图 5-23 所示。

图 5-23　设置方位

（3）单击该主光，进入到修改命令面板，修改其基本参数。为了能表现阴影效果，打开 Shadows（阴影），并将阴影参数的 Sample Range（取样范围）调整为 15，使阴影的边缘呈现一点模糊的效果，如图 5-24 所示。同时将光束的横向衰减值设得稍大一点，不至于产生很强的光束效果，如图 5-25 所示。修改完参数后的效果如图 5-26 所示。

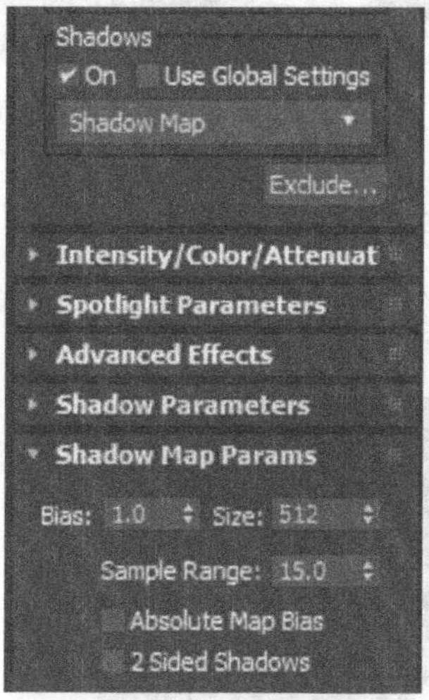

图 5-24　阴影参数调整

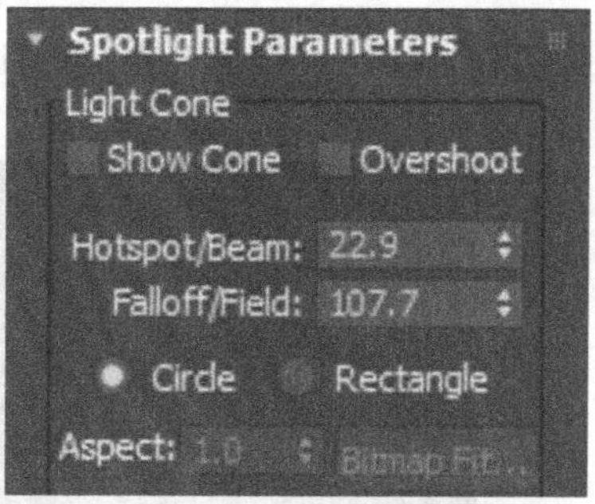

图 5-25　光束调整

图 5-26　修改完参数后的效果

（4）用同样的方法创建辅光，其方位、高度与主光相反，辅光不设置阴影，并将强度调整到主光的 0.5 倍，如图 5-27 所示。布完辅光的效果如图 5-28 所示。

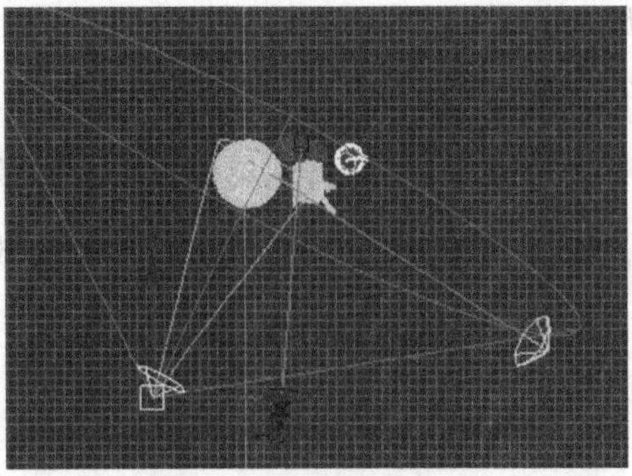

图 5-27　辅光的位置

图 5-28　布完辅光后的效果

（5）在主光相对的位置打上一盏背光灯，不需要设置阴影。调整一下衰减至合适值，用普通渲染器渲染可以看出模型的边缘会更加明亮，如图 5-29 所示。

图 5-29　布完背光后的效果

5.3 综合案例

扫一扫，看视频

灯光不仅起到了照明的作用，还可营造恰当的氛围。为了更精确地模拟场景照明，有些场合会使用光能传递，图 5-30 所示是普通照明和光能传递的对比，可以看出，右侧展现了真实的照明效果。光能传递是一种渲染技术，它可以真实地模拟灯光在环境中相互作用的方式，重建自然光在场景物体表面上的反射，从而实现更为真实和精确的照明效果。与扫描线渲染器相比，光能传递大大改善了图像的质量，提供了更为直观的照明。下面以日光为例体验一下光能传递带来的视觉感受。

提示

光线在物体表面间传递的渲染算法统称为 Global Illumination（全局照明）算法。它包括光线跟踪和光能传递两种算法。

- 光线跟踪是一种比较普通而且非常容易使用的 GI（Global Illumination，全局光）系统，用户不需要理解太多的相关专业知识即可以操作，而且即使设置有出入，也会得到比较真实的效果。
- 相比之下，光能传递就要复杂得多，它要求模型以及场景都为这个系统进行优化处理。首先，灯光最好是 Photometric（物理学）的灯光或是 Daylight（日照系统），材质的使用也非常的讲究，最好使用 Advanced Lighting Override（高级照明材质），而子材质用标准材质。即光能传递、高级照明材质和光度学灯光配合一起使用，效果最好。光能传递在建筑领域应用得比较广泛。

因此，光线跟踪适用于室外环境中具有大量光线照射的动画中，或者是用于渲染空旷环境中的物体；光能传递适用于室内图中。

（1）进入 Create（创建）>Systems（系统）>Daylight（日光）菜单，在 Back 视图中创建日光，如图 5-31 所示，将时间改到上午 8 时，如图 5-32 所示。

图 5-30　对比图

图 5-31　创建日光

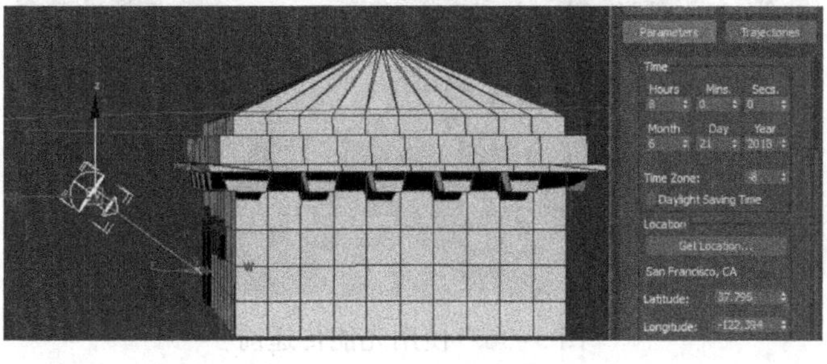

图 5-32　修改日光参数

（2）进入 Render（渲染）>Radiosity（光能传递）菜单，修改光能传递的参数，如图 5-33~ 图 5-35 所示，最终效果对比如图 5-36 和图 5-37 所示。下面对有些关键参数作简要介绍。

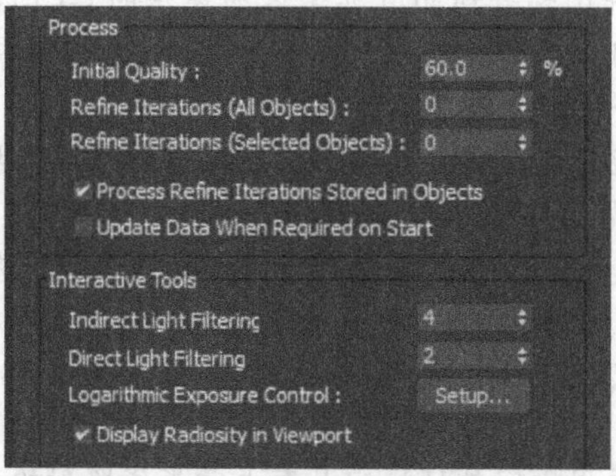

图 5-33　光能传递参数

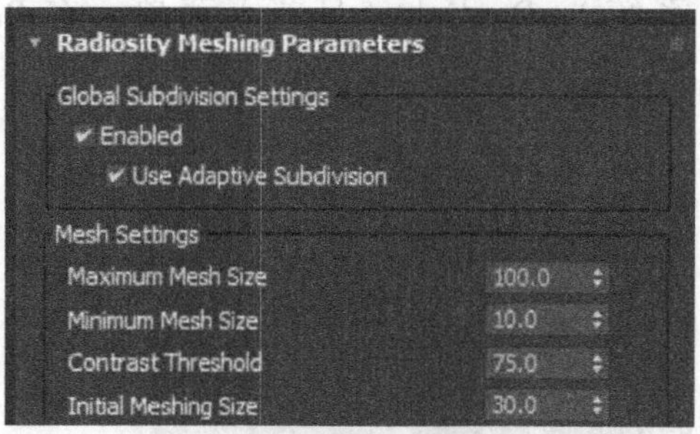

图 5-34　光能传递网格参数面板

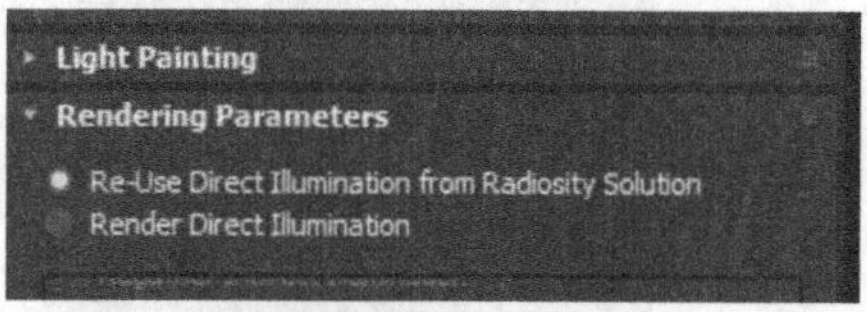

图 5-35　渲染参数

图 5-36　使用光能传递前

图 5-37 使用光能传递后

① Process（处理）组中的选项用以设置光能传递解决方案前两个阶段的行为，即初始质量和细化。初始质量是能量分布的精确度，一般设为 80% ~ 90% 就足够了。增加质量不会显著地增加场景的平均亮度，但是将减少场景中不同曲面之间的变化，如球体的面。Refine Iterations 优化迭代次数将增加场景中所有对象上的光能传递处理的质量。

② Interactive Tools（交互工具）组用于一个 65% 的光能传递解决方案时，将间接灯光过滤值从 0 增加到 3 会创建比较平滑的漫反射灯光。结果相当于一个较高质量的解决方案。间接灯光会用周围的元素平均化间接照明级别，以减少曲面元素之间的噪波数量，是提高画面精细度的可选项之一。而直接灯光用周围的元素平均化直接照明级别，以减少曲面元素之间的噪波数量，是提高画面精细度的可选项之一。

③ Radiosity Meshing Parameters（光能传递网格参数）面板下的 Global Solution Settings(全局细化设置选项组）可启用自动适应细分功能。网格设置选项组可以手动地调整最大网格大小、最小网格大小、对比度阈值等。

④ Rendering Parameters（渲染参数）面板可选择 Re-Use Direct Illumination from Radiosity Solution(重新使用光能传递解决方案中的直接照明）或者 Render Direct Illumination(渲染直接照明），前者不计算直接照明，而是根据光能传递网格来计算阴影，阴影的质量取决于网格的细分程度，这种方式得到的阴影效果差，但是渲染的速度比较快。后者会先计算直接照明的阴影，然后添加间接照明的效果，这种方式能够产生高质量的图像，但是会增加渲染的时间。

5.4 课堂练习

根据本章的课堂练习源文件，运用合适的灯光和布设，制作效果如图 5-38 所示的场景。在此基础上，制作一个摄像机动画用以展示场景。

图 5-38　灯光练习

5.5 思考题

（1）焦距与拍摄范围的关系是怎样的？

（2）目标摄像机和自由摄像机有何区别？各自适用哪些场合？

（3）三点布光法中包括哪几种灯？

（4）什么是光能传递？有什么优点？

第 6 章
环境与渲染

本章学习目标

- ■ 了解环境的设置方法
- ■ 理解不同环境贴图的区别
- ■ 了解大气效果的类型和制作
- ■ 掌握一种渲染技术

6.1 环境与效果

6.1.1 环境

默认情况下，模型的背景是黑色的，可以修改背景的整体色调以适应前景的需求。在有些场合，有必要设置背景来使前后景非常自然地过渡过去，让整个场景更有视觉冲击力。图 6-1 是环境设置面板，下面简要介绍各个模块的基本功能。

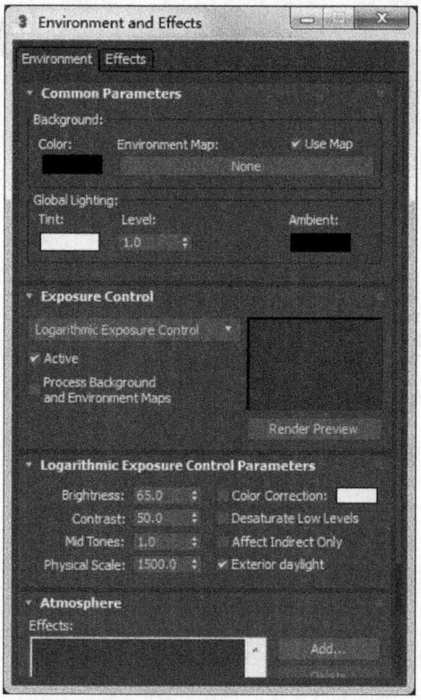

图 6-1　环境设置面板

（1）Common Parameters（公用参数）：对背景、环境贴图和全局照明进行控制。

① Background（背景）：可以设置场景的背景颜色、环境贴图，如需对环境进行贴图，需将环境贴图拖拽到材质编辑器中。

② Global Lighting（全局照明）：对全局场景进行着色处理，通过 Level（级别）进行调节，可以达到一些过度曝光的效果；也可以通过 Ambient（环境光）进行控制。

（2）Exposure Control（曝光控制）：曝光控制包括无曝光控制、自动曝光控制、线性曝光控制、伪彩色曝光控制和对数曝光控制。通过这些曝光控制，可以调整场景中亮度、明暗度、对比度、曝光值等以达到想要的效果。

（3）Atmosphere（大气）：大气里包含和环境相关的一些特效，如火、雾、体积雾、体积光等，用以模拟光、雾、火等，这些特效一般要和灯、大气装置等结合起来使用。

实践演练

下面以一个游戏场景为例，为其制作合适的环境贴图，这些环境贴图可以节省大量的面数，却能达到烘托氛围的作用。

扫一扫，看视频

（1）打开环境.max，该场景的背景是黑色的，渲染出来就像浮在空中一样，显得不真实。本例将为其制作远处蓝天的背景。首先，制作“球天”，在顶视图中创建一个Sphere（球体），重命名为“球天”，球体的大小尽量在地形的范围之内，避免与地面交接处有空隙等情况，如图6-2所示。

（2）右击球体，在弹出的四元菜单中选择Convert To（转换为）>Convert To Editable Poly（转换为可编辑多边形）命令，将该球体转变为可编辑多边形。

（3）按4键，进入到多边形级别，删除地面之下的半圆，如图6-3所示。

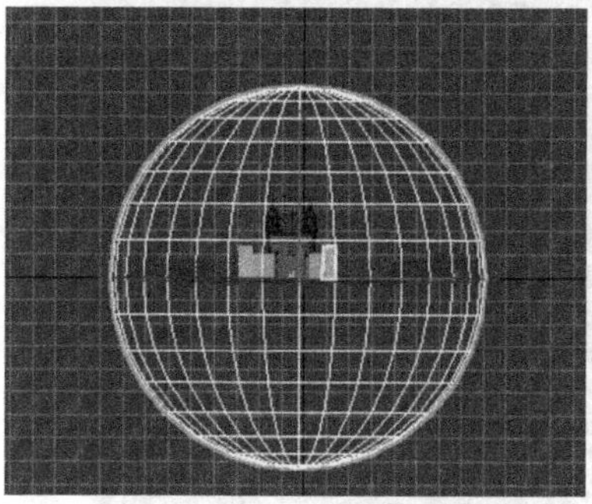
图6-2 创建球体

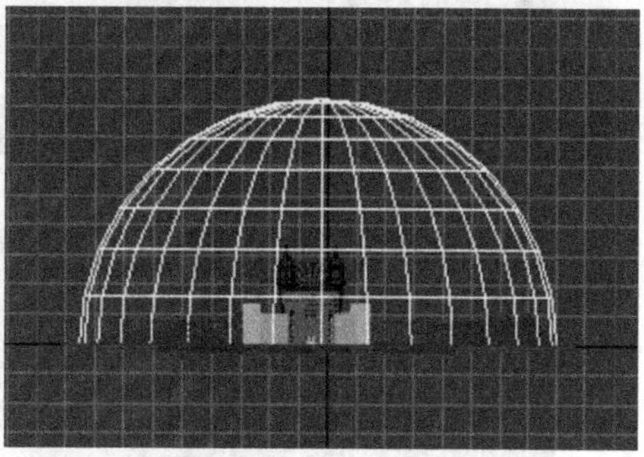
图6-3 半个球体

（4）为该半球加入Normal（法线）修改器，将半球的法线翻转，呈内部可视状态 。

（5）按【M】被调出材质编辑器，激活一个材质小球，为球天模型指定一个标准材质，在漫反射通道中指定一张天空的贴图。把漫反射通道里的贴图Instance（关联复制）移到Self-Illumination（自发光）通道中，勾选Color复选框，让天空更亮一些，如图 6-4 所示。将该材质赋给球天。

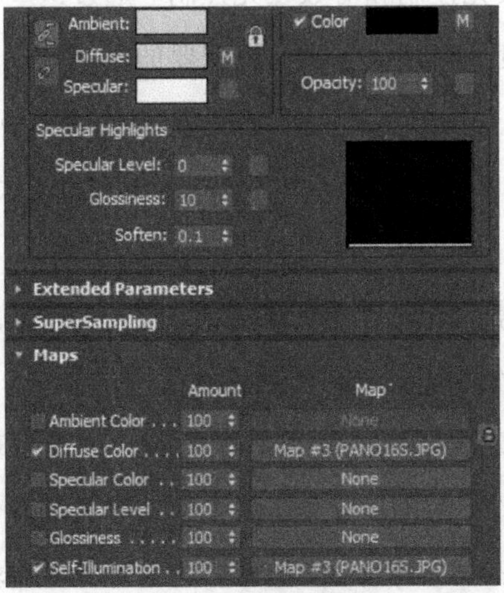

图 6-4　材质设定

（6）为球天添加 UVW 贴图，并将类型改为 Cylinder（圆柱）模式。最终效果如图 6-5 所示。

图 6-5　球天的效果图

（7）环境贴图的设置也可以通过在环境面板里添加贴图，并将其拖至材质编辑器中。对其平铺、位移等进行改变，从而得到预想中的效果，如图 6-6 所示，效果如图 6-7 所示。

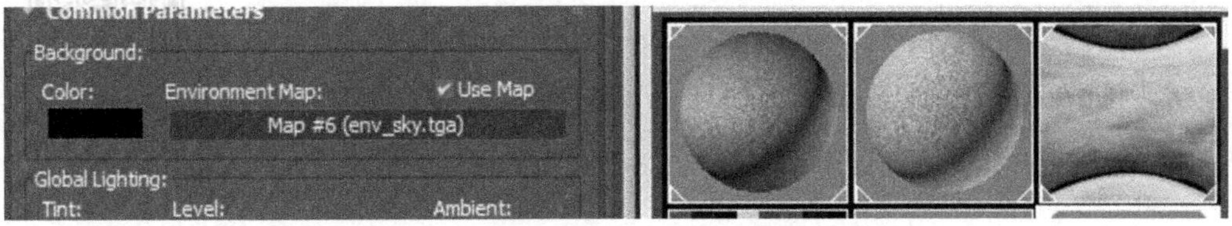

图 6-6　环境贴图

图 6-7　环境贴图效果

6.1.2　大气效果

大气效果可以制作出诸如火、烟雾、光线等的后期效果。下面以雾和体积光为例，看看这些大气效果是如何实现的。

1．雾的实现

打开环境贴图的源文件，按【8】键调出环境对话框，在 Atmosphere（环境）栏选择添加 Fog，如图 6-8 所示，在该效果下便会出现雾的一些基本属性。在这些属性里，可以设置雾的颜色、是否对背景进行雾化，也可以根据需求选择标准雾和分层雾。标准雾可以设置雾的范围，即近端和远端两个界限。分层雾可以对雾的顶底范围、密度、噪波、衰减等进行控制。

实践演练

本例将在城堡的地表布置上一层薄薄的雾，其参数如图 6-9 所示，最终效果如图 6-10 所示。

扫一扫，看视频

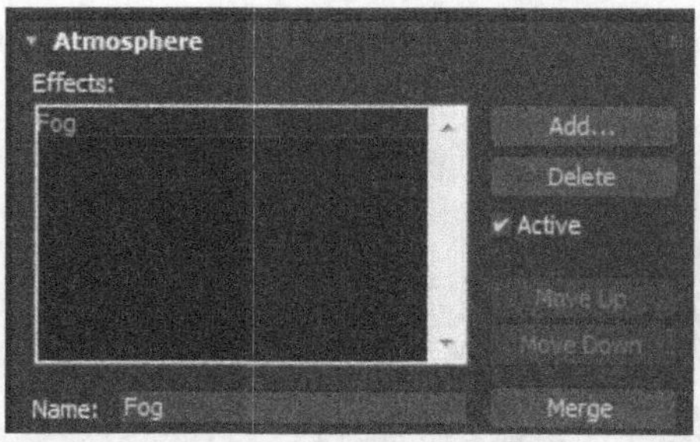

图 6-8　添加雾

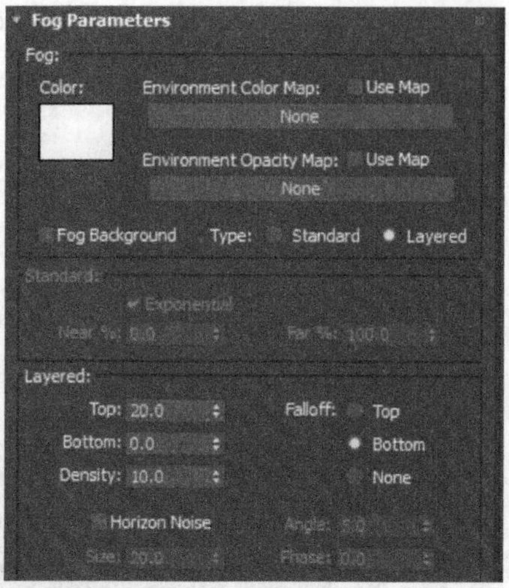

图 6-9　雾的属性

图 6-10　雾的实现效果

2. 体积光的实现

体积光可以产生灰尘、雾、光线入射的自然效果，甚至可产生光芒万丈的感觉。要想用体积光，必须拾取灯光作为对象。下面简单地介绍一下图 6–11 中体积光的各个参数。

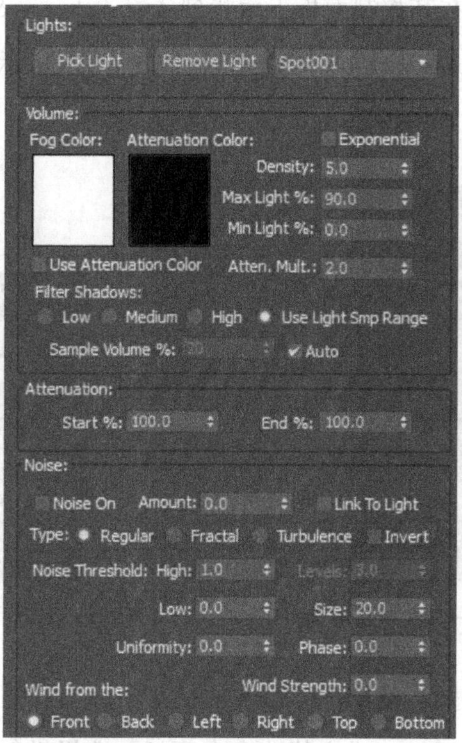

图 6–11　体积光的参数

（1）Volume（体积）：可以对颜色、密度、最大亮度、最小亮度和衰减倍增进行设置。其中，密度数值越大光线越不透明，一般设在 2~6 之间；衰减颜色的设置必须在勾选使用衰减颜色之后才能进行控制。

（2）Attenuation（衰减）：可设置衰减的范围，即开始和结束值。

（3）Noise（噪波）：可以营造一种环境中灰尘漂浮的印象。Amount（数量）和 Size（尺寸）参数控制噪波的数量和大小，Uniformity（规则）控制噪波是否均匀。

实践演练

射入室内的光线很微妙，不仅有光线还且有灰尘浮动的感觉，因此，可以选用聚光灯和体积光结合的方式实现。

扫一扫，看视频

（1）打开“体积光 .max”源文件，场景是室内的一角。在室内创建一盏泛光灯，使室内的物品稍微可见即可。

（2）新建一盏聚光灯，起始点是窗外，目标点是室内，与地面呈一定的角度，如图 6-12 所示。

（3）选中聚光灯，在其控制面板下面找到 Atmospheres & Effects（大气与效果）卷展栏，为其添加 Volume Light（体积光），如图 6-13 所示。用户也可以直接按 8 键打开环境面板后再添加体积光。

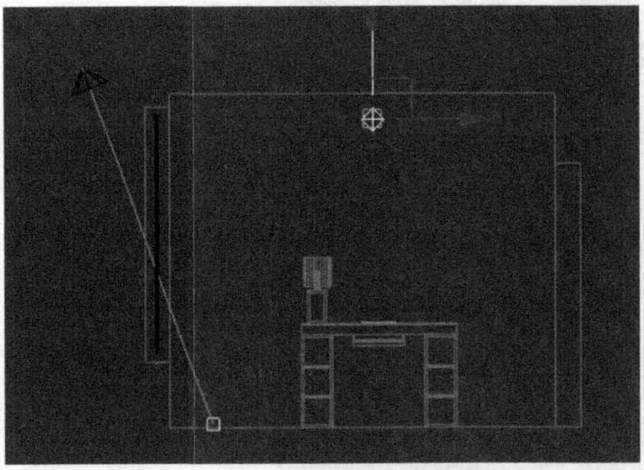

图 6-12 新建聚光灯

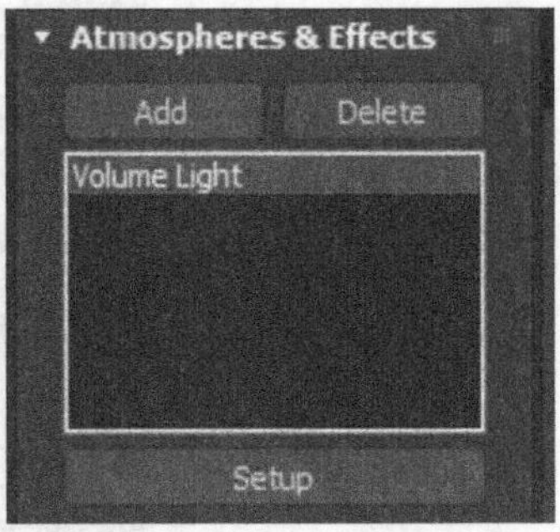

图 6-13 添加体积光

（4）不修改任何参数，渲染出来发现白茫茫一片。这是因为默认的灯光没有投影的特性，灯光具有穿透性。进入修改命令面板，选择投射阴影，修改体积光的噪波参数，如图 6-14 所示，最终效果如图 6-15 所示。

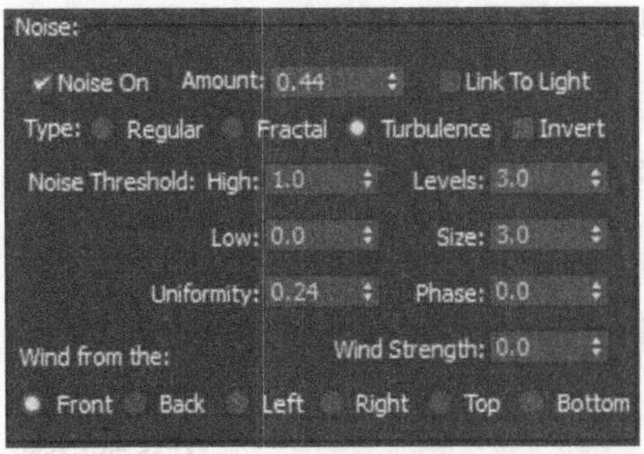

图 6-14 噪波参数

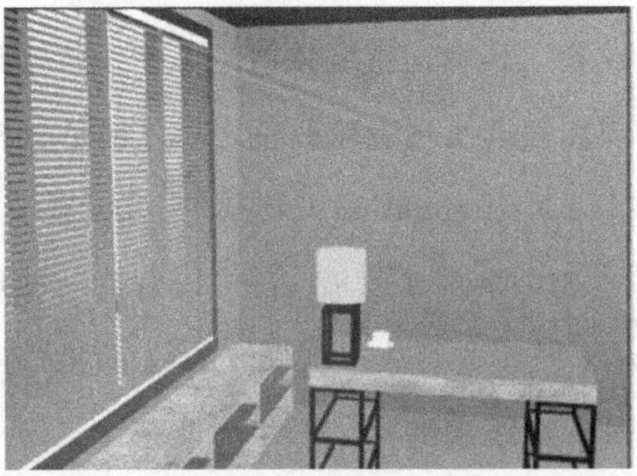

图 6-15 最终效果图

6.2　渲染输出

一般模型都要经过建模、材质、灯光、渲染这几个基本步骤，渲染是得到最终成品前的最后一个过程。通过渲染，可以观察模型的结构、材质、布光是否合理，也只有通过渲染才能呈现动画效果。对于一些大型的项目来说，3ds Max 支持网络渲染，从而缩短渲染所需的时间。

6.2.1　常用的渲染器

渲染器是渲染场景的基本工具，3ds Max 的几个自带渲染器包括 Scanline Render（扫描线渲染器）、NVIDA iray、Mental Ray 渲染器、Quicksilver 硬件渲染器以及 VUE 文件渲染器，还可以使用第三方公司提供的 Brazil、V-Ray 渲染器、Renderman 渲染器等。不同的渲染器适用于不同的场合，渲染效果与工作效率也大不相同。下面简单介绍 Scanline Render（扫描线渲染器）、Mental Ray 渲染器和 V-Ray 渲染器。

1. 扫描线渲染器

扫描线渲染器是默认的渲染器，该渲染器以逐条水平线渲染的方式完成场景的渲染。对于光线跟踪、光能传递、烘焙纹理等都可以胜任，因此，它比较适用于游戏场景。扫描线渲染器的渲染速度快，却不支持光度学灯光、焦散等，渲染精度相对较低。

2. Mental Ray 渲染器

Mental Ray 渲染器是一款非常优秀的渲染器，是早期出现的两个重量级渲染器之一（另一个是 Renderman），广泛地应用于三维动画、影视后期、视觉特效等领域。该渲染器功能强大，简单易用，其渲染速度相对较慢。

3. V-Ray 渲染器

V-Ray 渲染器是一款出色的渲染器，经常与 Mental Ray 渲染器并论，但 V-Ray 渲染器的灵活性、易用性更突出，同时增强了对焦散、三维运动模糊、网络分布式渲染的特性。其最大的特点是渲染速度快，广泛地用在建筑动画和效果图中。

6.2.2 渲染输出设置

合适的渲染输出设置可以帮助用户快速而正确地输出想要的场景模型，用户可以通过几种方式打开渲染输出设置：在菜单上执行 Rendering（渲染）>Render Setup（渲染设置）命令；或单击工具栏中的图标；或者用快捷键【F10】，调出渲染设置对话框，如图 6-16 所示。经常用到的是 Common（公用）选项板，这里仅对该面板作具体介绍。

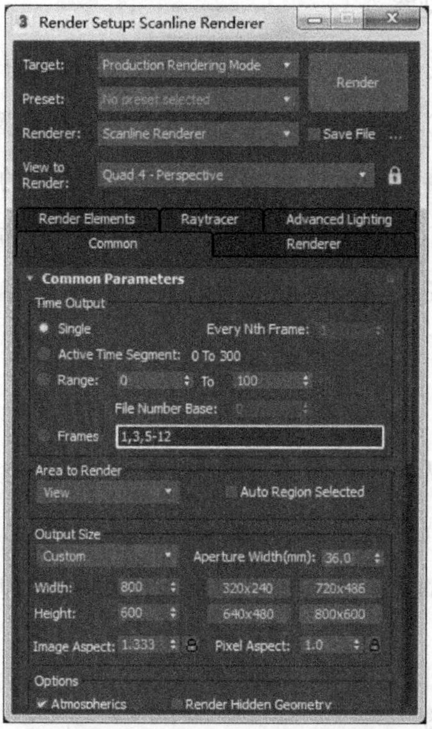

图 6-16　渲染设置对话框

（1）Time Output(时间输出)：主要用于调整渲染的时间设置，包括 Single(单帧)、Active Time Segment（活动时间段）、Range（范围）、Frames（帧）。

① Single(单帧)：用于渲染静态效果。

② Active Time Segment（活动时间段）：用于渲染动画，可以将场景中动画的开始帧到结束帧都渲染出来。

③ Range（范围）：用于渲染指定时间段的动画效果。

④ Frames（帧）：渲染选定的几帧。

（2）Area to Render（要渲染的区域）：可以指定渲染的区域，包括 View（视图）、Selected（选定对象）、Region（区域）、Crop（裁剪）、Blowup（放大）几种方式。

（3）Output Size（输出大小）：该区域用于设置输出图像的尺寸，Custom（自定义）可以自定义输出图像的宽高，或者选用一些设置好的常用尺寸。

（4）Options（选项）：该区域主要用于设置渲染所需的大气、效果、隐藏效果等。

（5）Advanced Lighting（高级照明）：提供了两种高级照明渲染的选项，Use Advanced Lighting（使用高级照明）和 Computer Advanced Lighting When Required（需要时计算高级照明），前者直接启用高级照明渲染功能，后者是在需要的情况才启用高级照明。默认情况下选择第一种。

（6）Render Output（渲染输出）：设置输出的文件格式、路径。

6.2.3　渲染输出窗口

渲染输出窗口用于显示、保存渲染效果，如图 6-17 所示。

图 6-17　渲染窗口

整个渲染输出窗口包括两部分：工具栏和渲染帧窗口。工具栏里放置了一些常用的工具。

（1）Area to Render（要渲染的区域）：可设置渲染的区域为视图、选定、区域、裁剪和放大几个类型，同时可以在当前窗口中调整区域，只渲染区域内的部分。

（2）Viewport（视口）：设置要渲染的视口。

（3）Render Preset（渲染预设）：调用现有的渲染参数进行渲染。

（4）这几个工具从左到右分别是保存、复制、克隆、打印和删除。克隆窗口经常用来比较两个场景渲染效果的区别，非常有用。

（5）从左到右分别是红、绿、蓝三通道，Alpha及单色，红、绿、蓝三通道将以某通道颜色显示图像。单色是以8位灰度图像显示场景图像。

6.3 思考题

（1）大气里包括哪些效果？

（2）说明扫描线渲染器与V-Ray渲染器的优缺点及适用的场合。

第 7 章
综合案例

本章学习目标

- ■ 了解大场景建模的过程
- ■ 理解游戏场景建模的思路

游戏场景设计是指游戏中除了角色造型以外的一切事物的造型设计，它是一门为展示故事情节、完成戏剧冲突、描写人物性格服务的时空外形艺术。场景设计既要求有高度的创作性，又需要有很强的艺术性。在游戏中，游戏场景的风格表现往往会直接影响到玩家的心理，会给玩家最为直观的视觉感受。因此，游戏场景的处理和展示不仅仅是一门技术，也是展示游戏成功的关键所在，更是吸引玩家的重要因素之一。游戏场景可以分为写实风格、写意风格和卡通 Q 版风格，如图 7-1 所示，左图是写实风格，右图为 Q 版风格。

写实风格场景

Q 版风格场景

图 7-1　不同风格的场景图

一个游戏场景的优秀与否，与场景的格局、情节的氛围、人物角色的刻画有着不可分割的关系，因此，不管是哪种风格的游戏场景，都体现了设计者思想情感的积累。下面以两个案例为引子，讲解场景建模的相关过程。之前已介绍过相关的知识点，因此本章中会略去一些细节的介绍。

7.1　室外场景建模

7.1.1　地表的制作

扫一扫，看视频

（1）建模前先把场景的单位调为统一，选择 Customize（自定义）>Units Setup（单位设置）命令，把当前的一个单位设置为 1 米，如图 7-2 所示。

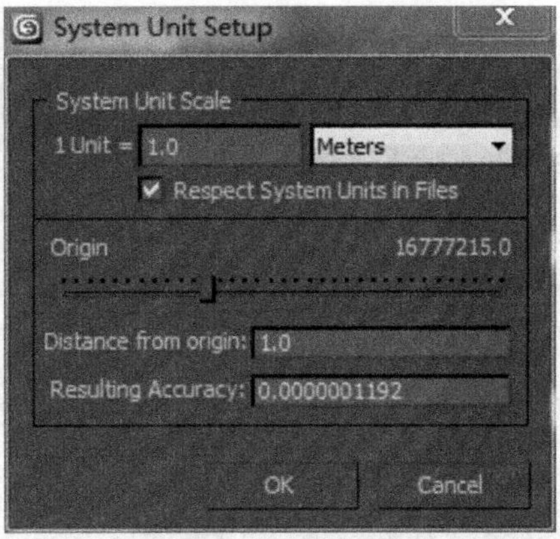

图 7-2 单位设置

（2）由于该地表不需要做凹凸造型，只需建一个段数为 1 的 Plane（平面）即可，长、宽大小可自由设定。

（3）为该地表设定材质。将一材质小球的名称改为 ground，并为其添加 Mix（混合）材质。在 Mix 材质里，将草坪和另一处 Mix 用一张黑白灰图进行混合。Color #2 上的混合材质里再为其添加地表的混合图像，使地表更加真实。在此期间，根据自身地表的大小，可以为每幅贴图增加平铺数目。设置如图 7-3 所示。

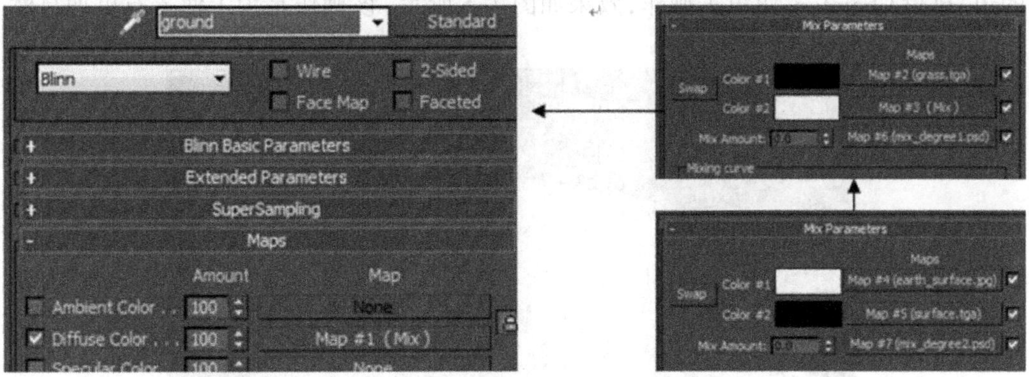

图 7-3 地表的材质贴图

（4）最终呈现出的地表的样子如图 7-4 所示。

图 7-4　地表

7.1.2　岩石造型

扫一扫，看视频

（1）在草地上建一块大岩石，初始模型是段数为 3×3×3 的 Box（长方体），大小自定。

（2）为该立方体加上 Edit Poly（编辑多边形）修改器或者将其转换成可编辑多边形，对该模型进行造型上的修饰，并进入到边级别，选中所有的边，执行 Chamfer（切角）操作，效果如图 7-5 所示。该操作是为了使岩石更加自然。

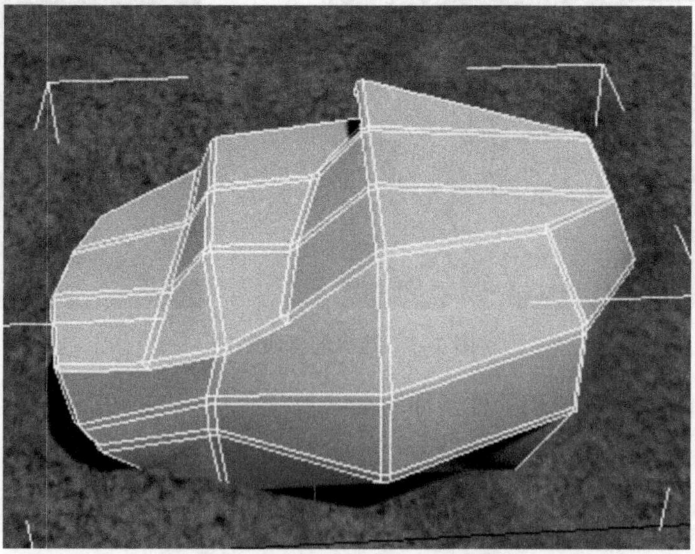

图 7-5　编辑多边形后的效果

（3）为该模型添加一个 UVW Map（UVW 贴图）修改器，并为其添加 Box（长方体）的贴图方式，如图 7-6 所示。调整长、宽、高值，使其 Gizmo 与模型相匹配。

（4）接下来为模型添加材质。和地表的材质一样，该材质也用了岩石、混凝土的混合，使材质看起来更加逼真，同时，为 Bump（凹凸）通道添加 Normal Bump（法线凹凸），使其呈现视觉上的凹凸感，如图 7-7 和图 7-8 所示。读者可以用同样的方法多建几块石头，用以布置场景。

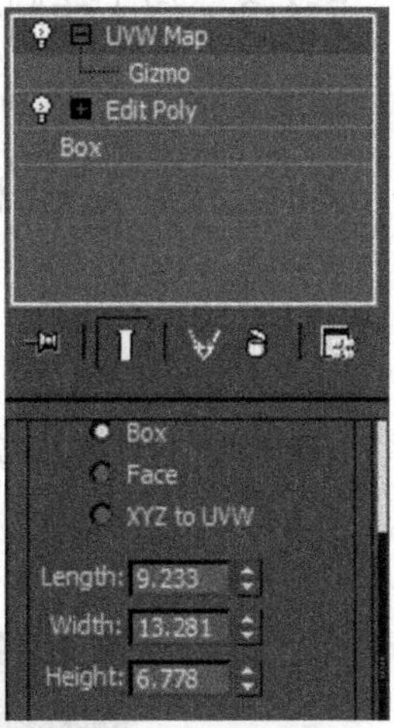

图 7-6　UVW 贴图设置

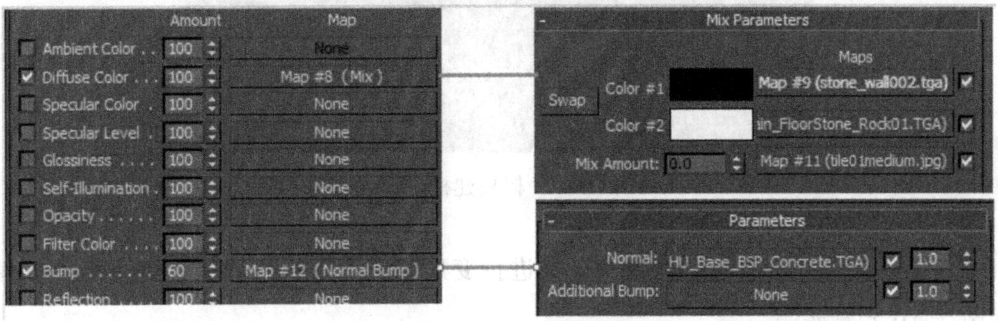

图 7-7　岩石的材质

图 7-8　岩石的造型

7.1.3 树木的制作

扫一扫，看视频

接下来创建树木模型。树木模型的关键是贴图的处理，需要根据不同的要求对贴图做相应的处理。总体来说，树木的制作分两部分：一部分是树枝；另一部分是树叶。

（1）树枝的制作可以从一个圆柱体开始，设圆柱体高、顶的段数都为 1，侧边为 7，删除其顶和底。复制该模型，对其做适当变形，将其放置于主杆上，并用切片工具增加一些边线，如图 7–9 所示。

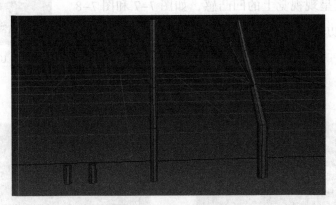

图 7–9　树枝建模步骤

（2）多次复制该主杆和枝条，对其进行变形缩放等操作，创建树枝的整体模型，如图 7–10 左侧所示。

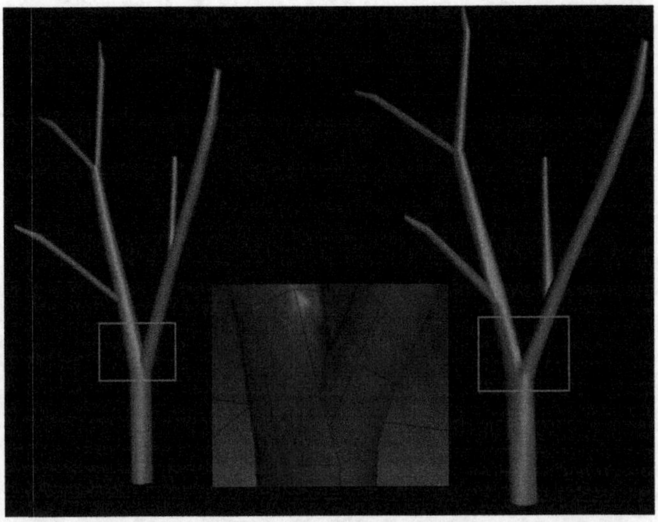

扫一扫，看视频

图 7–10　完整的枝条

（3）将所有的多边形附加在一起，并将上面的枝条与主杆进行缝合。缝合的意义在于使接缝处的过渡更加自然、不生硬，如图 7-10 右侧就是缝合后的效果。缝合的方法是在主杆上切出一个 7 边的多边形，删除该多边形；运用 Vetex（点级别）下的 Target Weld（目标焊接）将枝杆上的点与该多边形上的 7 个点进行焊接，接缝处如图 7-10 中图所示。

（4）运用这种办法将整棵树都附加成一个多边形或网格。读者可以用此方法制作更加复杂的枝条。

（5）接下来给这棵树贴图。默认情况下，系统采用的是 Box 方式，贴图之后的效果如图 7-11 所示。可见，树杆上的方向错了，整张贴图垂直地贴在模型上，而且贴图还被拉伸了。

扫一扫，看视频

图 7-11　默认的贴图效果

（6）给模型指定一个 Unwrap UVW（UVW 展开）修改器，并取消勾选 Configure（配置）卷展栏里的 Show Map Seam，这样就看不到原先的贴图接缝了，设置如图 7-12 所示。

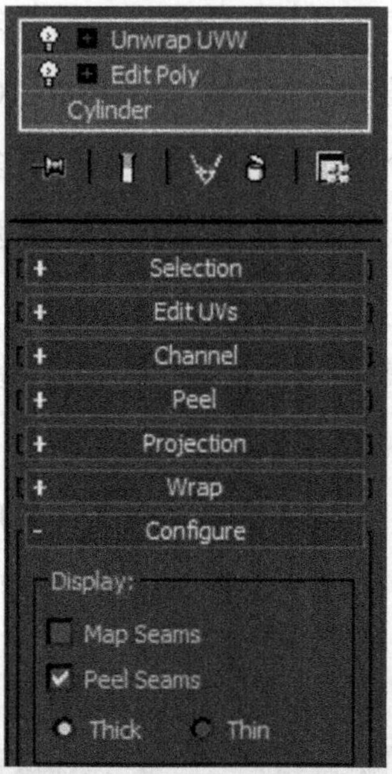

图 7-12　UVW 展开选项

（7）在 Edge（线）级别下的 Peel（剥）面板中选择 Point to Point Seam（点对点接缝）按钮，利用这个功能可以在两个点之间创建一个接缝。一般情况下，会选择背面或者隐秘的地方绘制接缝，这样可以避免接缝处过于明显。这棵树的接缝设在树的背面，如图 7-13 所示。同时，需要在两根树枝交叉的地方创建一个环形的接缝，每根树枝都有一个底部环形和一个顺着整个长度方向的接缝。

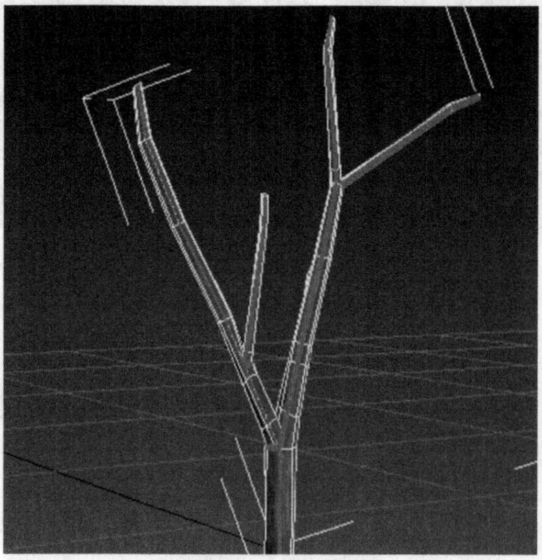

图 7-13　接缝绘制

（8）选择主树杆上的一个面，执行 Face（面）子物体下的 EXP. Face Sel To Pelt Seams（将多边形扩展到接缝）命令，选集会扩大到邻近的接缝。

（9）在面板中选择 Pelt（剥）卷展栏下的 Pelt Map（毛皮贴图）命令，打开 Pelt Map 窗口，如图 7-14 所示。单击 Start Pelt（开始毛皮）按钮，使多边形的各个面都尽量舒展，效果如图 7-15 所示。

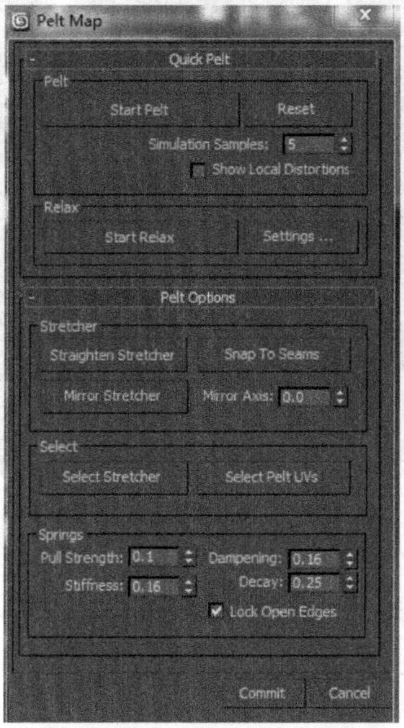

图 7-14 Pelt Map 窗口

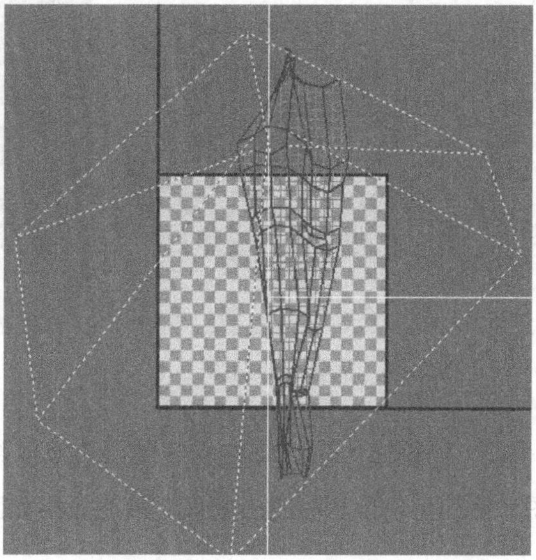

图 7-15 Start Pelt 后的效果

（10）如贴图展平得不是很好，可以单击 Start Relax（开始松弛）按钮，设置参数如图 7-16 所示，根据模型做相应的调整，最终效果如图 7-17 所示。

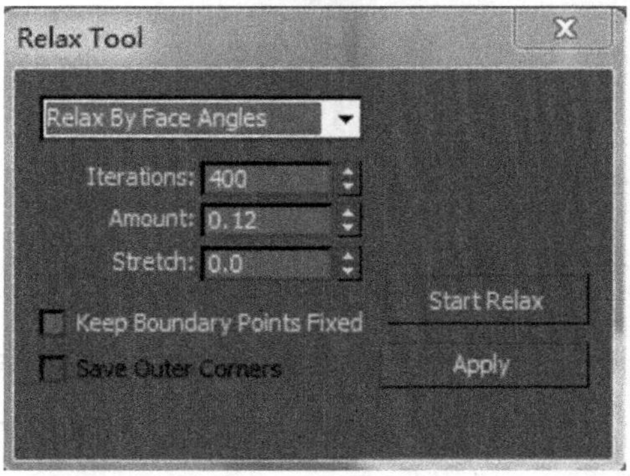

图 7-16 松弛参数

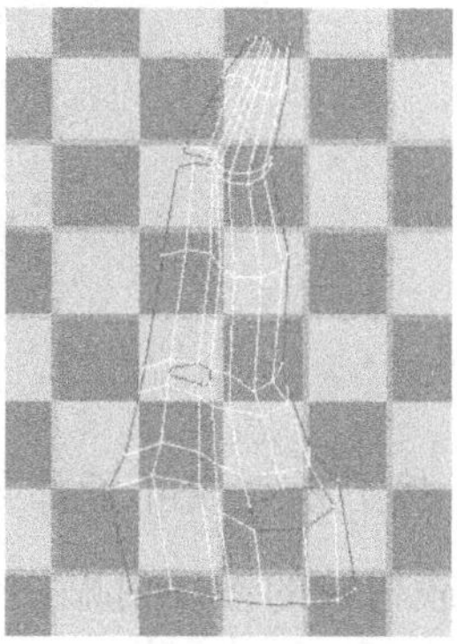

图 7-17 松弛后的效果

（11）对所有没有重叠的面进行同样的操作，将所有的树干都展开并根据实际情况调整节点，如图 7-18 所示。为了让贴图显得更加匀称，可以在场景中将一栅格贴图赋给树枝，调整的时候观察栅格是否分布均匀，一般要求所有的栅格呈正方形，方向一致，大小一致，如图 7-19 所示。

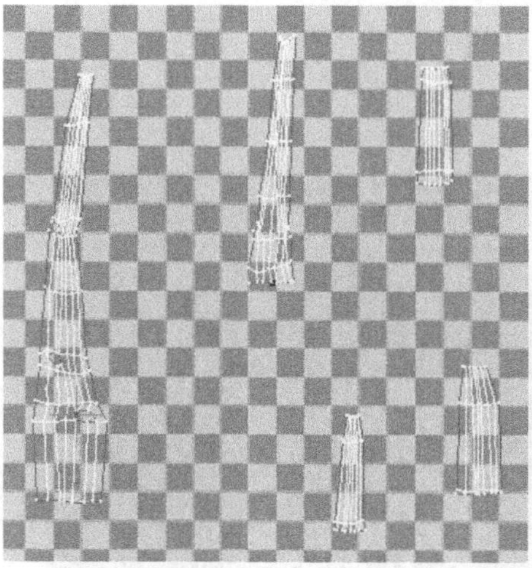

图 7-18　展平后的贴图

图 7-19　栅格贴图

（12）调整完毕后，将树皮的贴图再次赋给模型，同时为该树枝添加一张凹凸贴图，使其呈现自然的凹凸效果，最终效果如图 7-20 所示。

图 7-20　树枝渲染效果图

（13）接下来完成叶子部分。叶子部分的模型跟前面讲到的灌木很类似，关键是要把一簇树枝的漫反射贴图和不透明度贴图准备好，本案例已经准备了这两张贴图，读者也可以自行完成这两张贴图的制作。在场景中创建段数为 1×1 和 2×2 的平面各一个，将 2×2 的平面中心点稍微往一侧凸出，使之更有立体感，如图 7-21 所示。选择一材质小球，选择相应的漫反射贴图和不透明度贴图，并将自发光值提升到 70，这有助于材质贴图出现不必要的阴暗面，如图 7-22 所示。

扫一扫，看视频

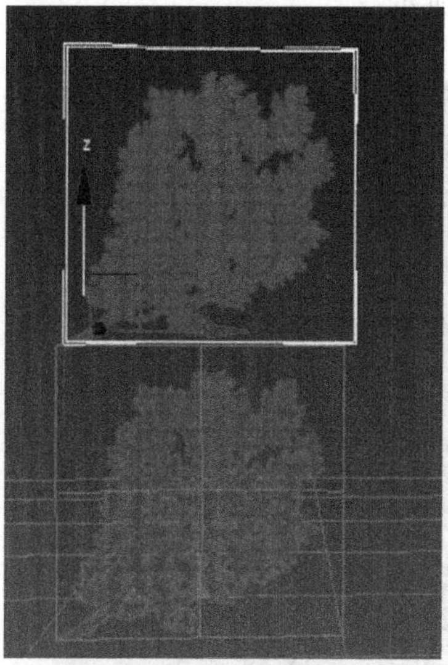
图 7-21　树叶模型

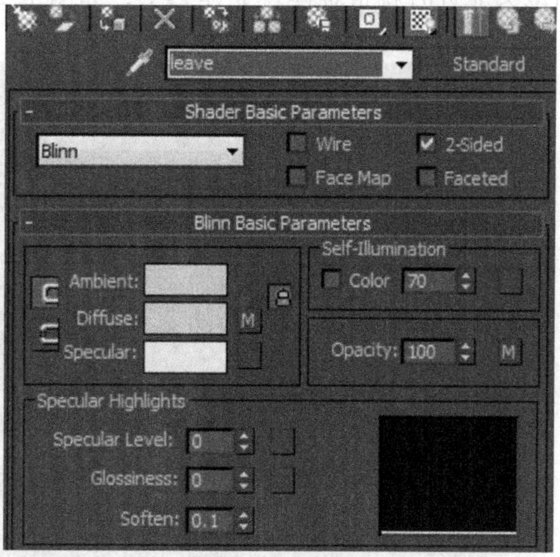

图 7-22　贴图参数

（14）根据树叶的生长方向和树枝的方位，复制这两个平面并将其放置于树干上，如图 7-23 所示。

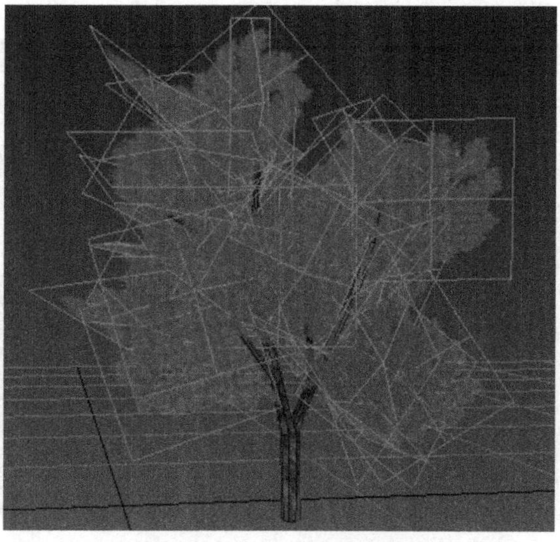
图 7-23　整棵树的模型

（15）至此，一棵树的整体模型与贴图制作完毕。但对于整个场景来说，一棵树难以形成背景。一种比较经济的做法是运用贴图的方法制作树的背景。可以在环境的边缘使用平面或者简单的多边形制作成相应的背景。这种制作方法做出的图可以当背景，但当镜头靠近时就很难体现立体感了，如图 7–24 所示。

扫一扫，看视频

图 7–24　树的背景

（16）为了让树的背景墙能更加立体，可以适当地添加其他贴有树枝的平面，使背景躲在树枝后面，如图 7–25 所示。

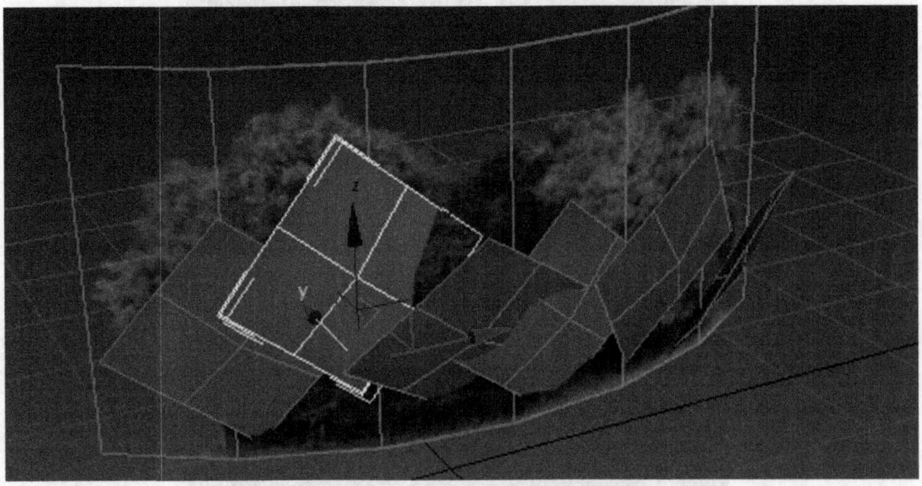

图 7–25　有立体感的树墙

7.1.4　灌木及周边环境的制作

低矮的灌木可以为场景增加真实感，这个场景中的灌木可采用第 4 章中的模型，也可以制作一些其他真实感较强的贴图。用这些模型布置好场景，同时为场景添加一张环境贴图，选择 Rendering（渲染）Environment（环境）命令，从素材中找到环境贴图，如图 7-26 所示。同时，打开材质编辑器，将该贴图直接拖拽至一个材质小球上，编辑该材质小球以达到理想的环境贴图效果。

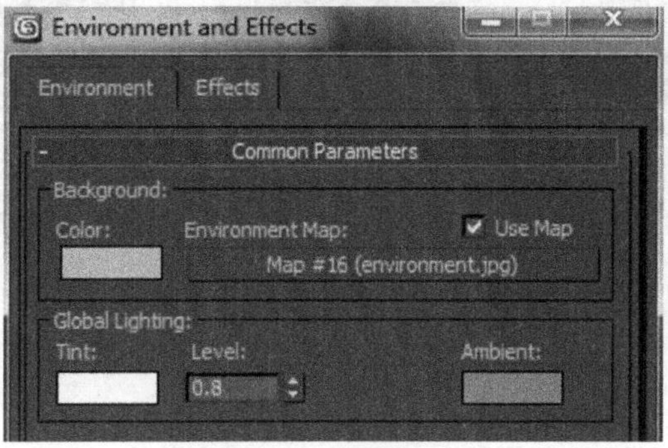

图 7-26　环境贴图

为场景打上一盏日光，设置其参数至理想效果，同时选择一个视角，使用【Ctrl+C】组合键创建一台摄像机，使得场景更有立体感，如图 7-27 所示，最终效果如图 7-28 所示。

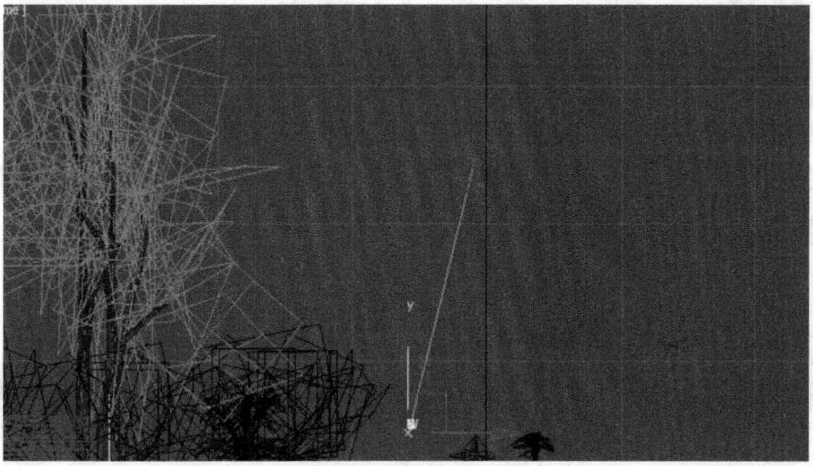

图 7-27　摄像机与灯光

图 7-28 最终渲染效果图

7.2 室外街景建模

下面制作街区一角的场景，如图 7-29 所示。可以在该场景的基础上将整个场景制作完整。

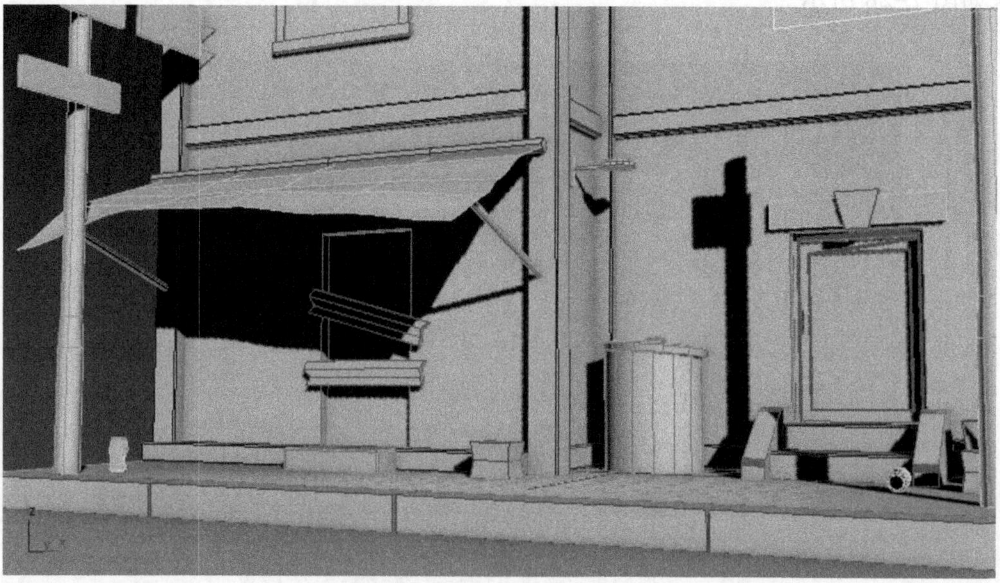

图 7-29 街区模型一角

7.2.1 房子模型

（1）首先创建一张段数 3×2 的平面，为其添加 Edit Poly（编辑多边形）命令，并选择两个面进行挤出操作，如图 7-30 所示。

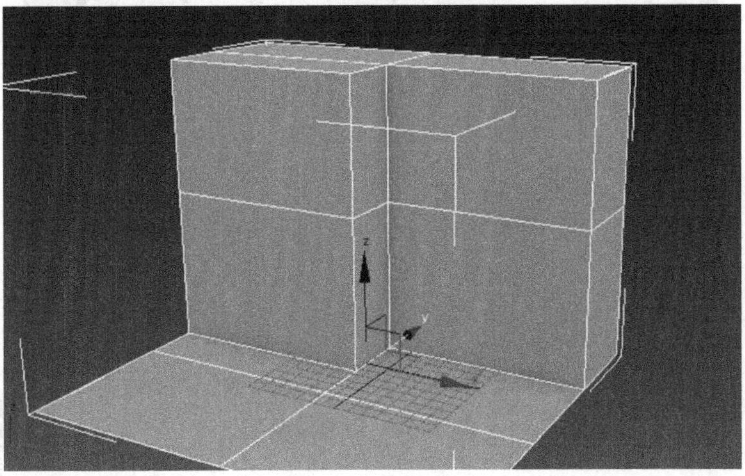

扫一扫，看视频

图 7-30 房子雏形

（2）使用基本几何体 Box 创建房子的竖梁和横梁，段数为 1×1 即可，同时可为边角添加 Chamfer（切角）效果，如图 7-31 所示。

图 7-31 添加房梁

（3）在多边形级别里选择 Insert（插入）命令为前面的面插入一个面，调整节点使其符合门的样子，同时使用 Remove（删除）命令删除多余的边，如图 7-32 所示。

图 7-32 门的模型

扫一扫，看视频

（4）为房子加上台阶，如图 7-33 所示。

图 7-33 制作台阶

（5）使用面片制作雨棚，如图 7-34 所示。

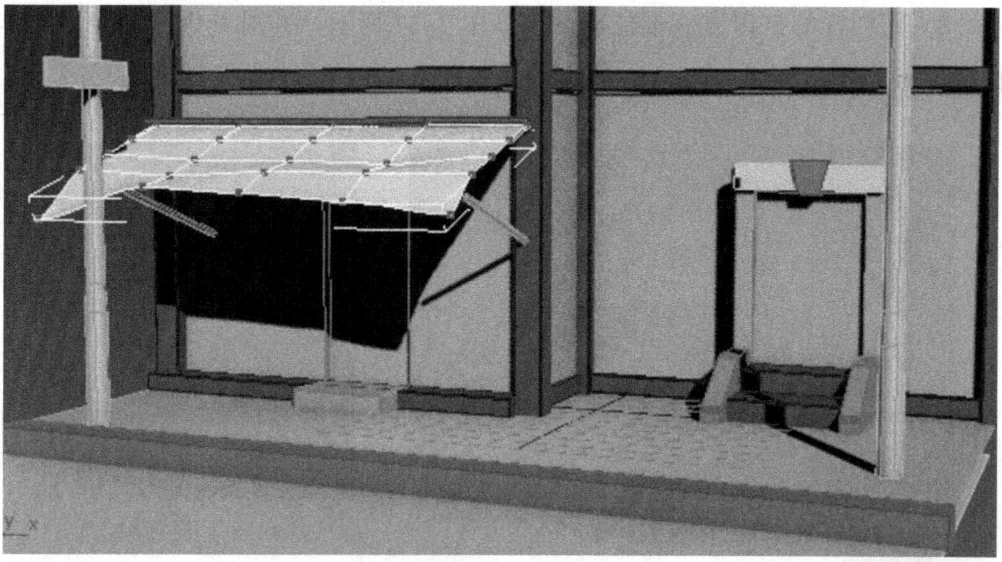

图 7-34　制作遮雨棚

扫一扫，看视频

（6）制作周边的装饰物，如易拉罐、纸盒、油罐等。这里以易拉罐为例，说明制作的整个过程。先建一个圆柱体，边设置为 12 左右。选择 Edit Poly（编辑多边形）命令，将顶部挤出，如图 7-35 所示。

（7）在顶部创建一个 Torus（圆环），将其与圆柱体对齐，并对其做一点纵向拉伸操作，如图 7-36 所示。

扫一扫，看视频

扫一扫，看视频

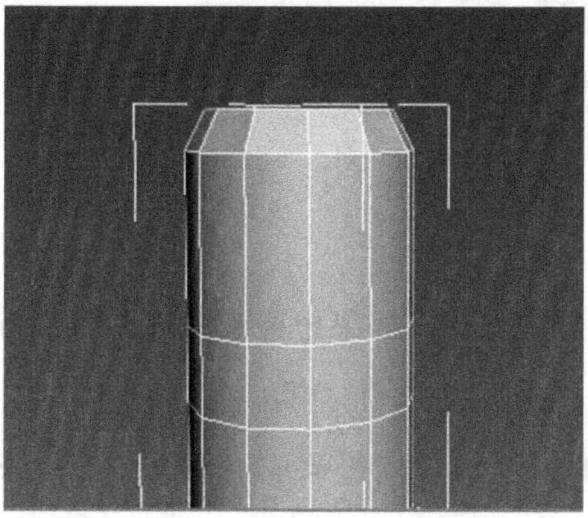

图 7-35　易拉罐雏形

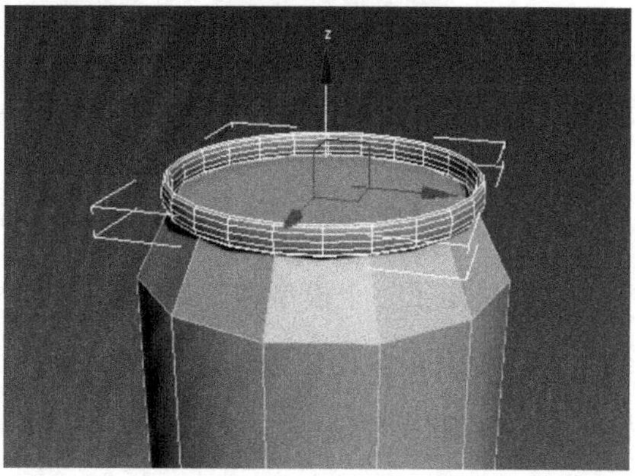

图 7-36　易拉罐顶部

（8）用同样的挤出方式创建底部，如图 7-37 所示。并对其做一些变形操作，如图 7-38 所示。

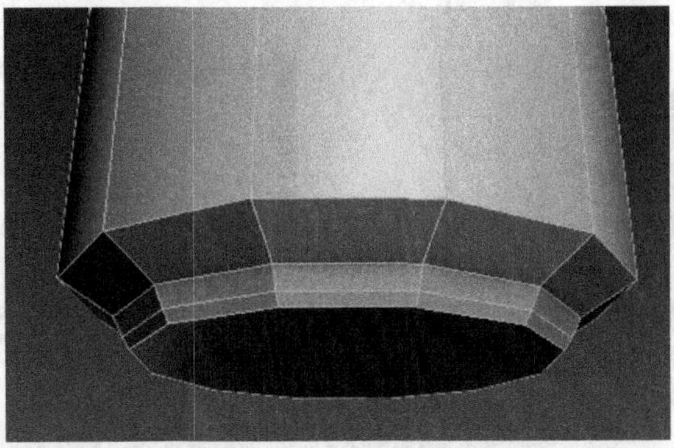

图 7-37　易拉罐底部

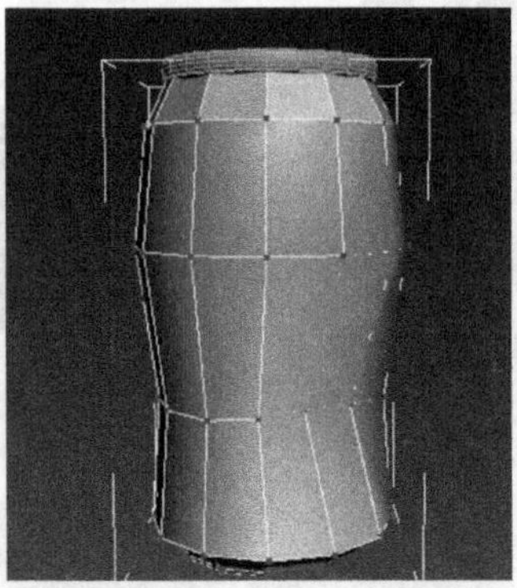

图 7-38　易拉罐造型

（9）街区一角的最终模型如图 7-39 所示。

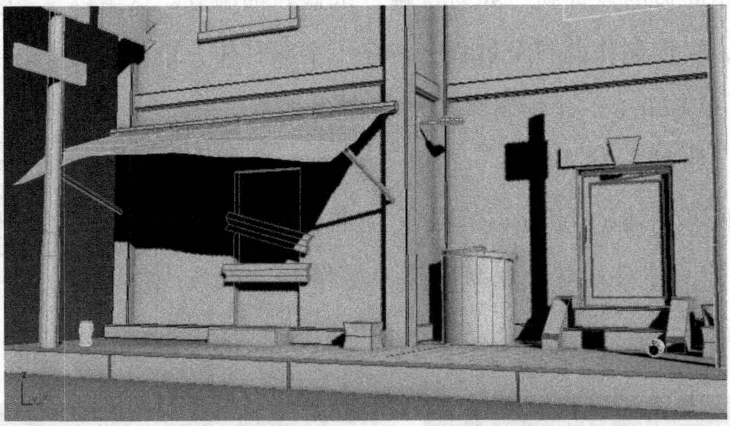

图 7-39　建模后的街区模型一角

7.2.2　材质

法线决定了一个模型在三维软件中基本的光影显示，如果想要表现很多的凹凸细节，就要有很多的法线，即很多的点和面；但同时也增加了模型的面数。因此，法线贴图用来代替法线。可以把法线贴图上的一个像素点想象成一根法线，一张 512 × 512 的法线贴图就有 262144 像素，把这张法线贴图贴到模型上就相当于模型上有 262144 根法线。模型的面数看上去瞬间细腻了很多。

如图7-40所示,法线贴图中红绿通道代表上下左右的偏移,蓝通道代表垂直偏移。

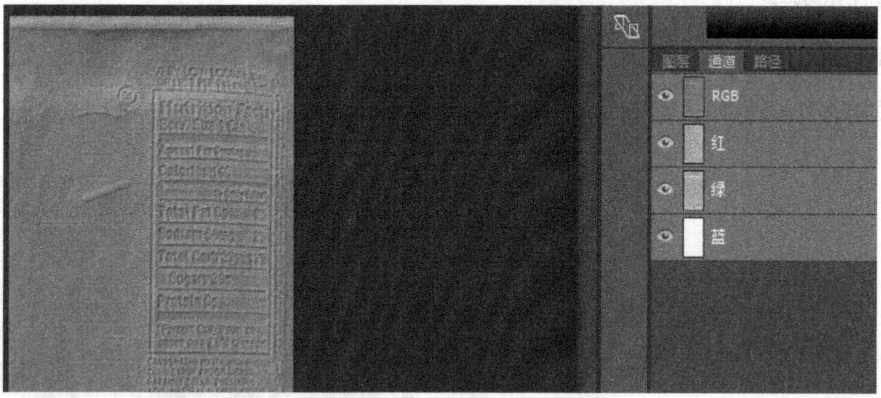

图7-40 法线贴图的通道

生成法线贴图的方法主要有两种:第一种方法是用高模烘焙,即在建模时做两个模型,一个是几百万面或者几千万面的高精度模型(高模),另一个是几百几千的低精度模型(低模)。把高模的细节信息烘焙到低模上就能得到一张法线贴图。这种建模方法效果好,但对技术要求较高。第二种方法是直接将颜色贴图转成法线贴图,俗称假法线。这种方法效果一般,但比较经济快捷。转成法线贴图的软件也有很多,包括Photoshop、CrazyBump、ShaderMap之类的都可以。在最常用的Photoshop里,可以采用直接生成法线的方法,选择"滤镜">3D>"生成法线图..."命令,调整参数即可生成一张法线贴图;也可以利用Nvidia Tool等插件生成法线贴图。如图7-41所示,左侧为无法线贴图的效果,右侧为有法线贴图的效果,可见,右侧的立体感要明显强于左侧,层次也更分明。

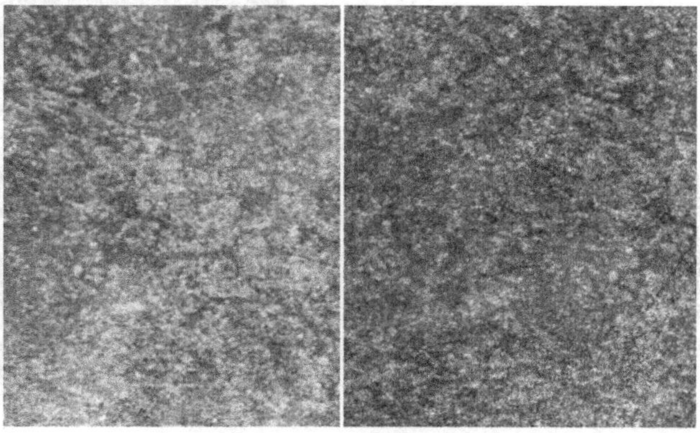

图7-41 有无法线贴图的对比

因此，本案例中会运用大量的法线贴图来表现模型的细节，以求用最少的面数表现最佳的效果。

（1）由于房子是从平面拉出来的，会涉及不同侧面的墙面、门、地面等，因此，可以采用多维子材质来赋材质，如图 7-42 所示，最终效果如图 7-43 所示。

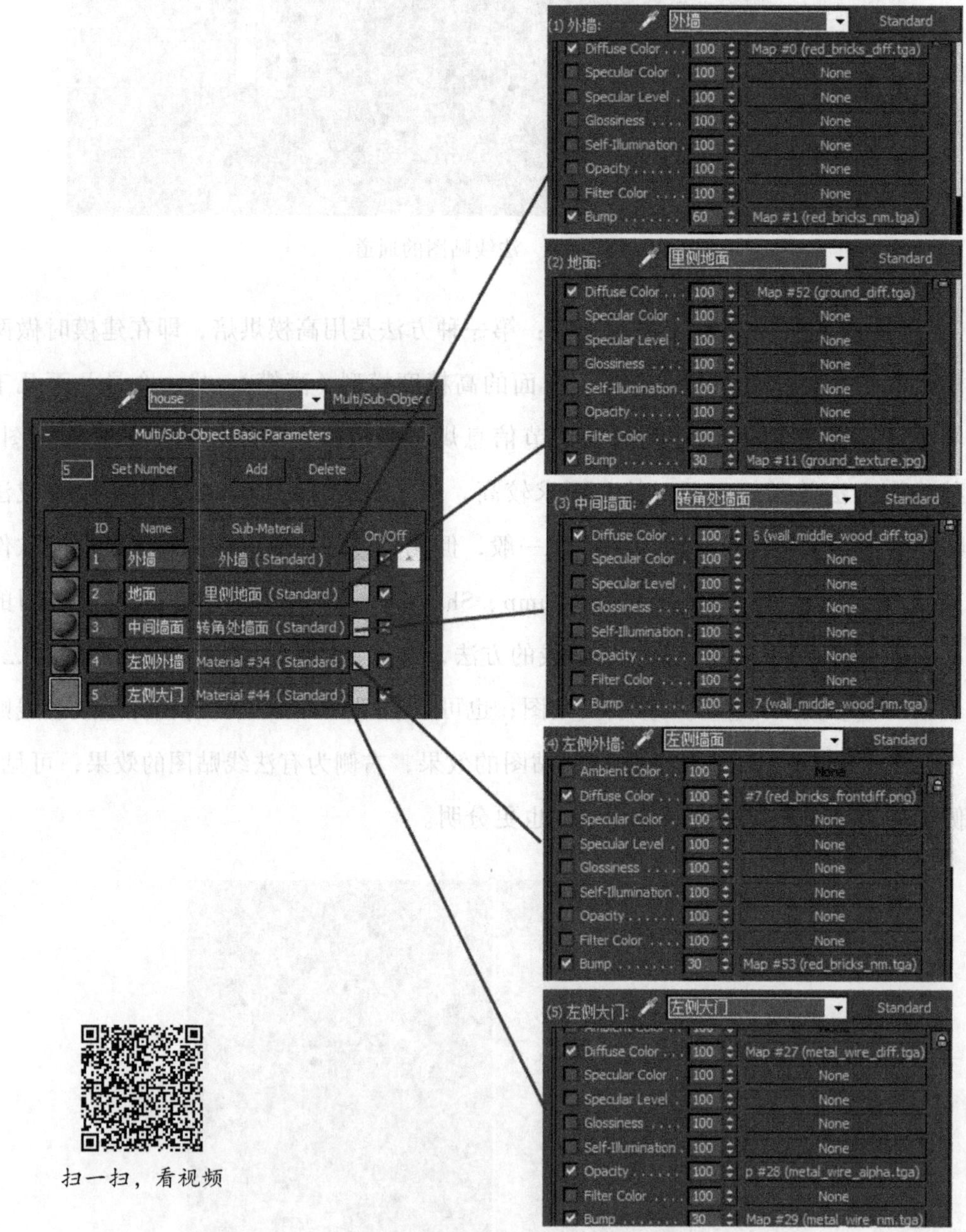

扫一扫，看视频

图 7-42　多维子材质设置

图 7-43 房子渲染图

（2）接下来看如何处理房子上的门和窗户。本案例中的房子较为陈旧，门和窗户都有铁艺，因此，在制作材质时应将破旧、铁锈等因素考虑进去。本案例中的两扇窗户采用如图 7-44 所示的贴图，其中，左侧贴图为左侧窗户，右侧贴图为右侧窗户。窗户的边框采用陈旧的木头制作，由漫反射贴图、高光反射级别贴图以及凹凸贴图三部分组成，最终效果如图 7-45 所示。

图 7-44 房子左右窗户贴图

图 7-45　窗户模型

（3）右侧大门采用了涂鸦贴图，该贴图已在前期处理过，可以直接贴上去，在材质参数中稍微修改一下位置参数即可。门前的台阶采用了类似前面例子中石头的材质，最终效果如图 7-46 所示。

图 7-46　大门及台阶

（4）遮阳棚的材质。遮阳棚的材质分两部分：漫反射贴图和不透明度贴图。前者解决遮阳棚贴图显示问题，后者解决边缘破旧的样子。如图 7-47 所示，在遮阳棚上加上 Unwrap UVW 命令，将其展开，如图 7-48 所示。选择 Tools（工具）Render UVW Template...（渲染 UVW 模板）命令，按默认设置，渲染出 UVW 展开图。将其导入 Photoshop 中，针对该模板进行填色及透明度的处理，最后生成两张图，如图 7-49 所示。

扫一扫，看视频

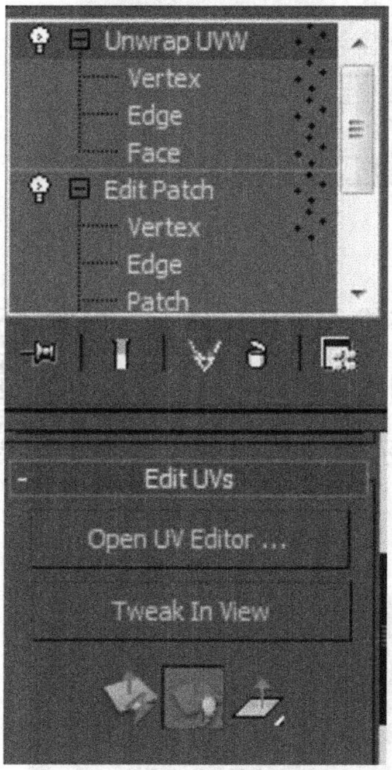

图 7-47　UVW 展开

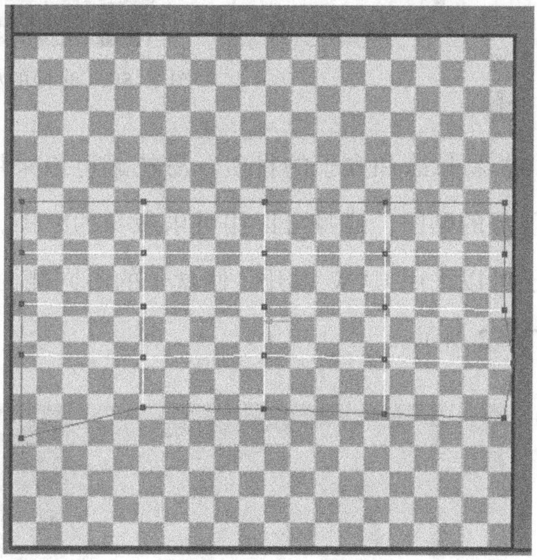

图 7-48　展开的 UVW 图

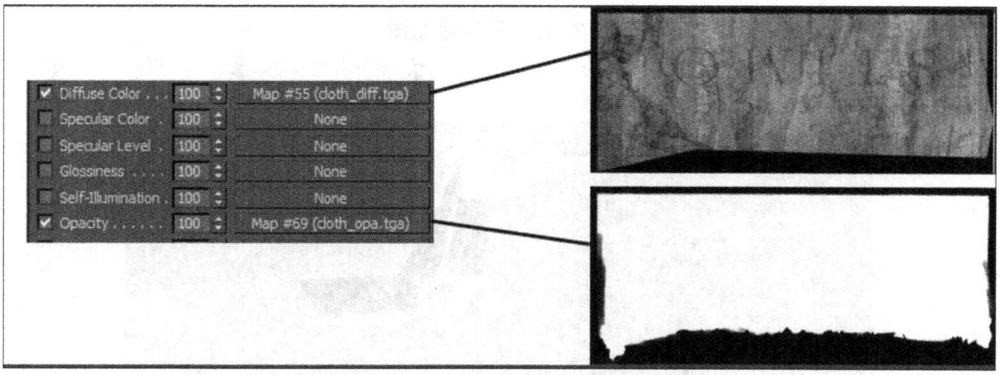

图 7-49　遮阳棚的材质

（5）油桶的材质。油桶的材质采用了生锈的金属贴图制作完成，如图 7–50 所示。也可以将此材质应用到电线杆等物体上。

图 7–50 油桶的材质

（6）易拉罐和盒子的材质。易拉罐可以采用多维子材质，顶部用顶部的贴图，罐身可以用可乐瓶身的贴图，如图 7–51 所示。纸盒子可以采用 UVW 展开，使盒子的不同侧面显示不同的贴图，如图 7–52 所示。

扫一扫，看视频

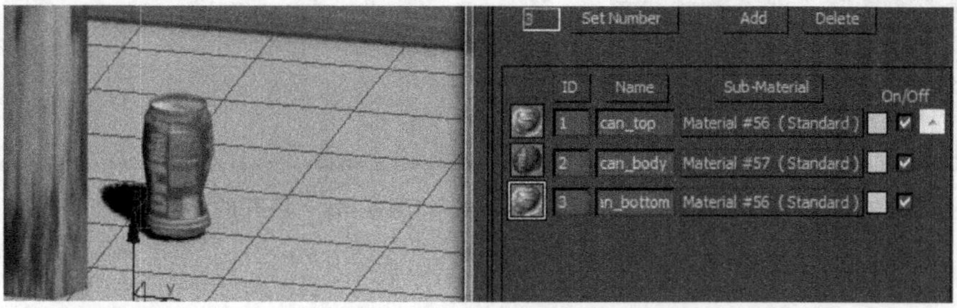

图 7–51 易拉罐贴图

图 7–52 盒子的造型

7）灯光与摄像机。灯光部分采用了 Photometric（光度学灯光）里的目标灯光和日光相结合的方式。对于这种场景打光，一般是先布设主体灯，再布设环境光。主体光打完后如图 7-53 所示。最后加上一盏日光灯，调整其参数使其稍微昏暗一点，设置一台摄像机，最后完成的效果图如图 7-54 所示。

图 7-53　主体光

图 7-54　街区一角最终效果图

7.3 课堂练习

试根据图 7–55 制作出相应场景及房子。

图 7–55　最终效果图

附录 A
快捷方式

A.1 主界面

选择循环改变方式【Q】

移动【W】

旋转【E】

缩放循环改变方式【R】

物体面数【7】

Environment【8】

Advanced Lighting【9】

Render to Textures【0】

5个次物体级别：点、线、面、多边形及元素【1】、【2】、【3】、【4】、【5】

切换在面次物体级别选择面的显示方式（红色线框或红色表面）【F2】

切换线框和实体两种显示方式【F3】

在实体显示时切换线面显示的开关【F4】

约束到X轴【F5】

约束到Y轴【F6】

约束到Z轴【F7】

在XY/YZ/ZX锁定中循环改变【F8】

脚本编辑器【F11】

精确输入转变量【F12】

用前一次的参数进行渲染【F9】

渲染配置【F10】

快速(Quick)渲染【Shift+Q】

对齐到物体【Alt+A】

放置高光(Highlight)【Ctrl+H】

法线(Normal)对齐【Alt+N】

打开/关闭捕捉(Snap)【S】

角度捕捉(开关)【A】

百分比(Percent)捕捉(开关)【Shift+Ctrl+P】

材质 (Material) 编辑器【M】

删除物体【DEL】

默认灯光 (开关)【Ctrl+L】

加大动态坐标【+】

减小动态坐标【-】

激活动态坐标 (开关)【X】

动画模式 (开关)【N】

前一时间单位【.】

下一时间单位【,】

跳到最后一帧【END】

跳到第一帧【HOME】

播放 / 停止动画【/】

自动阶级显示开关【O】

改变到上（Top）视图【T】

改变到底 (Bottom) 视图【B】

改变到相机 (Camera) 视图【C】

改变到前（Front）视图【F】

改变到等大的用户 (User) 视图【U】

改变到右 (Right) 视图【R】

改变到透视（Perspective）图【P】

改变到光线视图【$】

改变到后视图【K】

视图切换快捷菜单【V】

平移视图【Ctrl+P】

交互式平移视图【I】

当前视图暂时失效【D】

最大化当前视图 (开关)【Alt+W】

专家模式 & 全屏 (开关)【Ctrl+X】

匹配到相机 (Camera) 视图【Ctrl+C】

将当前选择的物体最大化显示在激活的视图上【Z】

将当前选择的物体隔离并最大化显示在视图上【Alt+Q】

视窗放大一倍【[】

视窗缩小一倍【]】

撤销【Shift+Z】

恢复视图操作【Shift+Y】

刷新视图【:】

弧形旋转【Ctrl+R】

区域放大【Ctrl+W】

视图背景 (Background)【Alt+B】

背景锁定 (开关)【Alt+Ctrl+B】

显示 / 隐藏相机（Cameras）【Shift+C】

显示 / 隐藏网格 (Grids)【G】

显示 / 隐藏帮助 (Helpers) 物体【Shift+H】

显示 / 隐藏光源 (Lights)【Shift+L】

显示 / 隐藏粒子系统 (Particle Systems)【Shift+P】

显示 / 隐藏空间扭曲 (Space Warps) 物体【Shift+W】

显示 / 隐藏所有视图物体 (开关)【Shift+G】

显示 / 隐藏安全框【Shift+F】

显示 / 隐藏工具条【Y】

隐藏并透明显示所选物体 (开关)【Alt+X】

选择父物体【PageUp】

选择子物体【PageDown】

根据名称选择物体【H】

选择锁定 (开关)【空格】

选择集中心【Ctrl+I】

撤销场景操作【Ctrl+Z】

显示降级适配（开关）【O】

适应透视图格点【Shift+Ctrl+A】

排列【Alt+A】

循环改变选择方式【Ctrl+F】

是否显示几何体内框（开关）【Ctrl+E】

显示第一个工具条【Alt+1】

暂存（Hold）场景【Alt+Ctrl+H】

取回（Fetch）场景【Alt+Ctrl+F】

冻结所选物体【6】

显示 / 隐藏几何体（Geometry）【Shift+O】

锁定用户界面（开关）【Alt+0】

最大化当前视图（开关）【W】

新的场景【Ctrl+N】

向下轻推网格 小键盘【-】

向上轻推网格 小键盘【+】

NURBS 表面显示方式【Alt+L】或【Ctrl+4】

NURBS 调整方格 1【Ctrl+1】

NURBS 调整方格 2【Ctrl+2】

NURBS 调整方格 3【Ctrl+3】

偏移捕捉【Alt+Ctrl+ 空格】

打开一个 **.MAX 文件【Ctrl+O】

平移视图【Ctrl+P】

回到上一场景操作【Ctrl+A】

回到上一视图操作【Shift+A】

刷新所有视图【1】

旋转（Rotate）视图模式【Ctrl+R】或【V】

保存（Save）文件【Ctrl+S】

透明显示所选物体（开关）【Alt+X】

显示所选物体的面 (开关)【 F2 】

显示所有视图网格 (Grids)(开关)【 Shift+G 】

显示 / 隐藏命令面板【 3 】

显示 / 隐藏浮动工具条【 4 】

显示最后一次渲染的图画【 Ctrl+I 】

显示 / 隐藏主要工具栏【 Alt+6 】

显示 / 隐藏所选物体的支架【 J 】

循环通过捕捉点【 Alt+ 空格 】

声音 (开关)【 \ 】

间隔放置物体【 Shift+I 】

循环改变子物体层级【 Ins 】

子物体选择 (开关)【 Ctrl+B 】

贴图材质 (Texture) 修正【 Ctrl+T 】

精确输入转变量【 F12 】

全部解冻【 7 】

根据名字显示隐藏的物体【 5 】

刷新背景图像 (Background)【 Alt+Shift+Ctrl+B 】

显示几何体外框 (开关)【 F4 】

用方框 (Box) 快显几何体 (开关)【 Shift+B 】

打开虚拟现实 数字键盘【 1 】

虚拟视图向下移动 数字键盘【 2 】

虚拟视图向左移动 数字键盘【 4 】

虚拟视图向右移动 数字键盘【 6 】

虚拟视图向中移动 数字键盘【 8 】

虚拟视图放大 数字键盘【 7 】

虚拟视图缩小 数字键盘【 9 】

实色显示场景中的几何体 (开关)【 F3 】

全部视图显示所有物体【 Shift+Ctrl+Z 】

视窗缩放到选择物体范围（Extents）【E】

缩放范围【Alt+Ctrl+Z】

视窗放大两倍【Shift】+ 数字键盘【+】

放大镜工具【Z】

视窗缩小一半【Shift】+ 数字键盘【-】

根据框选进行放大【Ctrl+W】

视窗交互式放大【[】

视窗交互式缩小【]】

A.2 轨迹视图

加入(Add)关键帧【A】

前一时间单位【<】

下一时间单位【>】

编辑(Edit)关键帧模式【E】

编辑区域模式【F3】

编辑时间模式【F2】

展开对象（Object）切换【O】

展开轨迹（Track）切换【T】

函数(Function)曲线模式【F5】或【F】

锁定所选物体【空格】

向上移动高亮显示【↑】

向下移动高亮显示【↓】

向左轻移关键帧【←】

向右轻移关键帧【→】

位置区域模式【F4】

回到上一场景操作【Ctrl+A】

撤消场景操作【Ctrl+Z】

用前一次的配置进行渲染【F9】

渲染配置【F10】

向下收拢【Ctrl+ ↓ 】

向上收拢【Ctrl+ ↑ 】

A.3 材质编辑器

用前一次的配置进行渲染【F9】

渲染配置【F10】

撤销场景动作【Ctrl+Z】

下一时间单位【>】

前一时间单位【<】

回到上一场景动作【Ctrl+A】

撤销场景操作【Ctrl+Z】

A.4 Active Shade

绘制 (Draw) 区域【D】

渲染 (Render)【R】

锁定工具栏 (泊坞窗)【空格】

A.5 视频编辑

加入过滤器 (Filter) 项目【Ctrl+F】

加入输入 (Input) 项目【Ctrl+I】

加入图层 (Layer) 项目【Ctrl+L】

加入输出 (Output) 项目【Ctrl+O】

加入 (Add) 新的项目【Ctrl+A】

加入场景 (Scene) 事件【Ctrl+S】

编辑 (Edit) 当前事件【Ctrl+E】

执行 (Run) 序列【Ctrl+R】

新 (New) 的序列【Ctrl+N】

撤销场景操作【Ctrl+Z】

A.6 NURBS 编辑

CV 约束法线 (Normal) 移动【 Alt+N 】

CV 约束到 U 向移动【 Alt+U 】

CV 约束到 V 向移动【 Alt+V 】

显示曲线 (Curves)【 Shift+Ctrl+C 】

显示控制点 (Dependents)【 Ctrl+D 】

显示格子 (Lattices)【 Ctrl+L 】

NURBS 面显示方式切换【 Alt+L 】

显示表面 (Surfaces)【 Shift+Ctrl+S 】

显示工具箱 (Toolbox)【 Ctrl+T 】

显示表面整齐 (Trims)【 Shift+Ctrl+T 】

根据名字选择本物体的子层级【 Ctrl+H 】

锁定 2D 所选物体【 空格 】

选择 U 向的下一点【 Ctrl+ → 】

选择 V 向的下一点【 Ctrl+ ↑ 】

选择 U 向的前一点【 Ctrl+ ← 】

选择 V 向的前一点【 Ctrl+ ↓ 】

根据名字选择子物体【 H 】

柔软所选物体【 Ctrl+S 】

转换到 Curve CV 层级【 Alt+Shift+Z 】

转换到 Curve 层级【 Alt+Shift+C 】

转换到 Imports 层级【 Alt+Shift+I 】

转换到 Point 层级【 Alt+Shift+P 】

转换到 Surface CV 层级【 Alt+Shift+V 】

转换到 Surface 层级【 Alt+Shift+S 】

转换到上一层级【 Alt+Shift+T 】

转换降级【 Ctrl+X 】

A.7 FFD

转换到控制点 (Control Point) 层级【 Alt+Shift+C 】

到格点 (Lattice) 层级【 Alt+Shift+L 】

到设置体积 (Volume) 层级【 Alt+Shift+S 】

转换到上层级【 Alt+Shift+T 】

A.8 打开的 UVW 贴图

进入编辑 (Edit)UVW 模式【 Ctrl+E 】

调用 *.uvw 文件【 Alt+Shift+Ctrl+L 】

保存 UVW 为 *.uvw 格式的文件【 Alt+Shift+Ctrl+S 】

打断 (Break) 选择点【 Ctrl+B 】

分离 (Detach) 边界点【 Ctrl+D 】

过滤选择面【 Ctrl+ 空格 】

水平翻转【 Alt+Shift+Ctrl+B 】

垂直 (Vertical) 翻转【 Alt+Shift+Ctrl+V 】

冻结 (Freeze) 所选材质点【 Ctrl+F 】

隐藏 (Hide) 所选材质点【 Ctrl+H 】

全部解冻 (unFreeze)【 Alt+F 】

全部取消隐藏 (unHide)【 Alt+H 】

从堆栈中获取面选集【 Alt+Shift+Ctrl+F 】

从面获取选集【 Alt+Shift+Ctrl+V 】

锁定所选顶点【 空格 】

水平镜像【 Alt+Shift+Ctrl+N 】

垂直镜像【 Alt+Shift+Ctrl+M 】

水平移动【 Alt+Shift+Ctrl+J 】

垂直移动【 Alt+Shift+Ctrl+K 】

像素捕捉【 S 】

平面贴图面 / 重设 UVW【 Alt+Shift+Ctrl+R 】

水平缩放【Alt+Shift+Ctrl+I】

垂直缩放【Alt+Shift+Ctrl+O】

移动材质点【Q】

旋转材质点【W】

等比例缩放材质点【E】

焊接 (Weld) 所选的材质点【Alt+Ctrl+W】

焊接 (Weld) 到目标材质点【Ctrl+W】

Unwrap 的选项 (Options)【Ctrl+O】

更新贴图 (Map)【Alt+Shift+Ctrl+M】

将 Unwrap 视图扩展到全部显示【Alt+Ctrl+Z】

框选放大 Unwrap 视图【Ctrl+Z】

将 Unwrap 视图扩展到所选材质点的大小【Alt+Shift+Ctrl+Z】

缩放到 Gizmo 大小【Shift+ 空格】

缩放 (Zoom) 工具【Z】

A.9 反应堆 (Reactor)

建立 (Create) 反应 (Reaction)【Alt+Ctrl+C】

删除 (Delete) 反应 (Reaction)【Alt+Ctrl+D】

编辑状态 (State) 切换【Alt+Ctrl+S】

设置最大影响 (Influence)【Ctrl+I】

设置最小影响 (Influence)【Alt+I】

设置影响值 (Value)【Alt+Ctrl+V】

ActiveShade (Scanline)